# 网络结构

## 数据分析与应用

潘蕊　张妍　高天辰◎著

## 内 容 提 要

当今社会，网络结构数据普遍存在于各行各业。如何从这些数据中挖掘出价值，并且解决实际问题，成为学界和业界共同关注的研究方向。本书主要帮助读者初步了解网络结构数据，学习使用R语言进行实际数据分析。

本书共七章。第一章主要讲解为什么关心网络结构数据，介绍了R语言及常用的包，同时整理了常用的网络数据集。第二章介绍了网络结构数据的定义及分类，并整理了大量实例以帮助读者快速熟悉网络结构数据。第三章讲解了网络结构数据的可视化，重点介绍了针对大规模网络的可视化方法及网络的动态交互式可视化。第四章介绍了描述网络特征的各种统计量及重要的网络结构，并给出了实例。第五章重点介绍了三种经典的网络结构数据模型，第六章主要介绍了网络结构数据中社区发现的相关概念及方法，并整理了常见的评价指标及标准数据集，通过实例向读者展示社区发现的应用场景。第七章介绍了网络结构数据分析中的链路预测问题。本书适合网络结构数据的初学者，相关专业的学生或对网络结构数据感兴趣的读者阅读。

**图书在版编目(CIP)数据**

网络结构数据分析与应用 / 潘蕊，张妍，高天辰著. — 北京：北京大学出版社，2022.11
ISBN 978-7-301-33386-0

Ⅰ. ①网… Ⅱ. ①潘… ②张… ③高… Ⅲ. ①网络结构－网络信息资源 Ⅳ. ①TP393.02

中国版本图书馆CIP数据核字（2022）第176907号

书　　名　网络结构数据分析与应用
　　　　　WANGLUO JIEGOU SHUJU FENXI YU YINGYONG
著作责任者　潘　蕊　张　妍　高天辰　著
责 任 编 辑　王继伟　杨　爽
标 准 书 号　ISBN 978-7-301-33386-0
出 版 发 行　北京大学出版社
地　　址　北京市海淀区成府路205 号　100871
网　　址　http://www.pup.cn　　新浪微博：@ 北京大学出版社
电 子 信 箱　pup7@ pup.cn
电　　话　邮购部 010-62752015　发行部 010-62750672　编辑部 010-62570390
印 刷 者　北京鑫海金澳胶印有限公司
经 销 者　新华书店
　　　　　787毫米×1092毫米　16开本　10.5印张　225千字
　　　　　2022年11月第1版　2022年11月第1次印刷
印　　数　1-3000册
定　　价　69.00元

---

# 推荐序

经典统计学理论常常假设：来自不同样本的数据都是独立的。请问：为什么要这样假设？可能有很多原因，但是其中一定有一个原因是无奈。毕竟，万事万物都生活在同一个宇宙时空下，怎么可能互相独立？所有的“独立”都是在某些苛刻条件下的近似假设。这样的假设不能说毫无意义，毕竟它给了我们理论研究的良好起点。但是，这样的假设是不是我们的终点呢？答案是否定的。事实上，过去几十年的统计学理论研究在不停地尝试在一定程度上、一定范围内纠正这个假设，并期待通过对这个假设的突破，获得新的方法，进而从数据中获得新的知识。

那么，过去的学者在哪些方向上做出过努力呢？至少有以下三个重要的方向。

第一，面板数据（或称纵向数据）。该领域关心的典型数据是单一个体的多次观测，如对同一个病人的血压的多次测量。因为这些多次观测来自同一个个体，它们之间肯定存在某种相关关系。对于这个问题的探索，极大地推动了纵向数据相关的理论研究与应用实践。

第二，时间序列。该领域关心的典型数据是单一个体，随着时间的演进，多次重复地观测，如对一个目标国家每个月失业率的持续跟踪观测。因为这些数据来自同一个个体，显然它们之间应该是相关的。而且，因为数据是沿着时间轴采集的，因此不同观测之间的相关性应该随着时间间距的增加而逐渐消失。对于这个问题的执着探索，极大地推动了时间序列数据相关的理论研究与应用实践。

第三，空间数据。该领域关心的典型数据是面对一个给定区域，在不同位置点上获得不同的观测，如某一个特定时间来自不同国控站点的 PM2.5 的浓度测量值。因为这些数据来自同一个区域，显然它们之间应该是相关的。而且，因为数据来自空间上的不同位置，因此不同观测之间的相关性应该随着距离的增加而逐渐消失。对于这个问题的执着探索，极大地推动了空间统计学的理论研究与应用实践。

这是我们过去看到的三个非常重要的、受相关性驱动的统计学和计量经济学领域的方向。

伴随着移动互联网时代的到来，各种社交媒体（如微博）和社交软件（如微信）极大普及，人们慢慢意识到受相关性驱动的第四个重要领域已经悄然来袭，那就是网络结构数据。什么是网络？数学上讲的网络是一个关于点和边的集合，每一个点就代表一个样本个体，每一条边代表它们之间的某种关系。依赖于该关系是单向（如关注和被关注关系）还是双向（如微信好友关系），这条边可以是有向的，也可以是无向的。所有的点和边作为一个整体所构成的这个拓扑结构就是网络结构数据。附着在该结构上的，还可以是其他的传统数据（如每个节点个体上的属性）。但是存在几个基础的核心问题，即网络结构数据应该如何描述，如何分析，如何建模？请注意，网络结构数据所呈现的相关性与面板数据不同，因为典型的网络结构数据是一个节点（样本）一个观测，单一个体重复观测并不是网络结构数据的典型特征；网络结构数据所呈现的相关性与时间序列数据不同，因为对于一个典型的网络结构数据而言，不同网络节点之间没有自然的时间顺序；网络结构数据所呈现的相关性与空间数据不同，因为对于一个典型的网络结构数据而言，不同节点之间没有自然的距离测量。因此，网络结构数据及它所引申出的复杂相关关系，是一种全新的、独特的、富有挑战性的相关关系，非常值得大家关注并深入研究。

但是，面对这样一个重要的领域，很遗憾的是我们非常缺乏相关专著，尤其缺乏中文专著，以及面向初学者的专著，直到今天，我们很幸运地有了潘蕊的这本专著。潘蕊是我的博士生，显然也是我为之骄傲的学生之一。在网络结构数据方面，潘蕊从博士生期间就开始研究，持续十余年，执着探索，不停创新，逐渐形成了一套自己的方法论。该方法论不仅仅体现在前沿的学术研究上，更体现在落地的数据分析实践上。潘蕊将她过去这些年沉淀下来的经验，以一本专著的形式呈现给相关的老师和同学，这是一件非常有意义的事情。

这本书有一个很大的特点，那就是循序渐进。从最开始对网络结构数据的严格定义，通过大量的案例、可视化展示及数据代码帮助读者建立扎实的数据小模型。然后通过整整一章的篇幅，非常详细地探讨了网络结构的可视化，这是一个非常重要而且实用的技术。接着才进入网络结构数据的描述统计。网络结构数据是一种复杂的数据，如何对它进行描述统计，需要一套不同的方法论。描述统计所展示的典型规律应该如何建模？这是紧随其后的内容。最后，潘蕊探讨了网络结构数据相关的两种重要应用：社区发现与链路预测。整本书的章节安排循序渐进，对于初学者非常友好，讲解深入浅出又不失对前沿理论研究的关注。更重要的是，本书的所有内容都有大量的案例、数据、代码支撑，实在是一个学习的好素材。

衷心恭喜潘蕊又一专著出版，也感谢各位老师和同学的关注，请大家多多批评指正！

王汉生

PREFACE

# 作者序

2009 年，我首次接触网络结构数据。当时我的博士生导师，北京大学光华管理学院的王汉生教授开设了一个讨论班，带着我们学习这种全新类型的数据。我记得当时我们读的是 *Social Network Analysis: Method and Applications* 这本英文教材，两位作者 Wasserman 和 Faust 是网络结构数据分析领域的杰出学者。这本教材内容充实，不但有网络结构数据的基础知识，还配合了丰富的学科应用，使我受益匪浅。后来，我的科研就一直围绕着网络结构数据展开，到现在也有 10 余年的时间。至今我还清晰地记得，当时读的第一篇论文是 Holland 和 Leinhardt 提出 $p_1$ 模型的文章：*An Exponential Family of Probability Distributions for Directed Graphs*。这篇文章的内容我们在本书中也有介绍。

2014 年我进入中央财经大学工作，在教学过程中经常将网络结构数据作为一个专题与学生分享。我发现学生对网络结构数据非常感兴趣，自己也能够找到很多实际数据并且做出有趣的分析。后来，有很多学生甚至开始自己采集和整理高质量的网络结构数据，本书中的案例数据“统计学科合作者网络”，最初来自我的一位已经毕业的硕士生王思雨。然而，在授课过程中我没有找到非常合适的中文教材，一直依赖自己不断迭代的课程笔记。因此，我便萌生了自己写一本教材的想法。这个想法首先得到了我的博士生导师王汉生教授的肯定与鼓励。紧接着，我找到了两位合作者，高天辰和张妍。高天辰和张妍是我的硕士生，毕业之后在厦门大学攻读博士学位。他们在网络结构数据的科研和实际应用方面都有所沉淀，也为本书的成稿做出了很多贡献。

本书所面向的对象是网络结构数据的初学者，如果你没有接触过网络结构数据，或者刚刚开始投入这个领域的研究，那么这本书会对你有所帮助。本书由浅入深地安排了七个章节的内容。第一章和第二章是入门，通过对这两章内容的学习能够快速理解网络结构数据及一些实际例子。第三章是网络结构数据的可视化，这一章内容的趣味性较高，也是入门网络结构数据的很好的切入点。第四章介绍了网络结构数据的描述，提供了丰富的指标讲解和例子。第五章～第七章是三个不同的专题：网络结构数据的经典模型、网络结构数据的社区发现，以及网络结构数据的链路预测问题。这些专题同样是科学研究的重要话题，因此本书提供了很多参考文献。

本书同样强调实际操作。以 R 语言为例，给出了分析代码及实际数据，以便读者学完理论知识之后可以上手分析实际数据。

最后，感谢我的导师王汉生教授，他不仅带领我进入网络结构数据的研究领域，还在本书的成稿过程中一直鼓励我。感谢我的两位合作者高天辰和张妍，他们承担了很多辛苦的工作，包括收集材料、撰写文字、整理代码等。感谢中央财经大学的宋熙卓然同学，她协助编写了书稿的第六章和第七章。感谢狗熊会团队的战友们：中国人民大学的周静老师、王菲菲老师，复旦大学的朱雪宁老师，她们为书稿提出了很多宝贵的修改意见。同样也感谢和我一起奋战的科研合作者：西安交通大学的常象宇老师，中国人民大学的黄丹阳老师。这个强大的团队一直在帮助我，激励我不断前进。

潘蕊

CONTENTS

# 目录

# 第1章

CHAPTER 1

## 概述

本章是本书的概述。1.1 节阐述网络结构数据的重要应用。1.2 节简要介绍 R 语言及本书会使用的几个 R 包：igraph 包、igraphdata 包、ergm 包及 sand 包。1.3 节介绍本书涉及的数据，既包括贯穿全书的一个统计学科合作者网络，也包括 R 包自带的一些网络结构数据。

# 1.1 为什么关心网络结构数据

当今社会，互联网和移动互联网已经渗透到人们工作和生活的方方面面。人与人之间不再是孤立的个体，而是通过“互联网”紧密相连。在此过程中，产生了大量的带有网络结构属性的数据，如社交网络关系数据。这些数据普遍存在于各个行业，如金融、电商、零售等。如何从这些数据中挖掘出价值，并且解决实际问题，成为学界和业界共同关注的研究方向。与此同时，这些数据中的个体并不独立，而是通过各种关系形成了复杂的网络结构，这给传统的统计分析带来了一定的挑战，但同时也带来了统计学新方法的研究机会。

关于网络结构数据的研究，可以追溯到 20 世纪 60 年代，美国哈佛大学的社会心理学家米尔格兰姆（Stanley Milgram）设计了一个连锁信件实验。他将信件随机发送给居住在美国内布拉斯加州奥马哈市的 160 个居民，并在信件中写上了一个波士顿股票经纪人的名字。信中要求收件人将该信件寄给自己认为更可能认识这位股票经纪人的朋友。居民收到信后，重复上述过程。最后，大部分信件在经过 5 ～ 6 个人的传递之后，都寄到了这位股票经纪人的手中。由此，米尔格兰姆提出了著名的六度分割理论（Six Degrees of Separation），认为世界上任意两个陌生人之间要建立联系，最多只需要经过 6 个人。

网络结构数据正在不断向我们展示着其独特的魅力。Facebook 全球好友关系网络图如图 1-1 所示。这张网络图包含了大约一千万对朋友关系的样本。首先，利用城市之间的欧氏距离和它们之间的朋友数量来定义每对城市的权重，然后基于这个权重使用弧线把每对城市连接起来，最后绘制成了一幅详细的世界地图（本书单色印刷，读者可自行查阅原图）。图中的线条并不代表海岸、河流或法定边界，而是代表真正的人际关系。正如这幅图的作者所说：“每条线都可能代表某一次旅行时建立的友谊、身处各地的亲友或被各种生活支配的老同学。”

图1-1 Facebook全球好友关系网络图

## 1.2 R语言与igraph包

本书使用 R 语言实现网络结构数据的分析。R 语言是一个有着强大统计分析功能及作图功能的软件系统，完全开源免费，是世界各地有开源精神的极客们共同贡献出来的精品。此外，R 语言算法覆盖范围极广，作为统计分析工具，R 语言几乎覆盖整个统计领域的前沿算法。从火爆的神经网络，到经典的回归分析，都能找到可直接调用的函数实现。R 语言有着极方便的扩展性，其与文本文件、数据库管理系统、统计软件、专门的数据仓库都可兼容。R 语言具有强大的社区支持，作为一个开源软件，R 语言背后有一个强大的社区和大量的开放源码支持，获取帮助非常容易。

R 包是 R 语言中拓展分析的利器。所谓 R 包，就是把 R 语言的函数、数据、预编译代码以一种定义完善的格式组合在一起的集合。R 语言在安装时会自带一系列默认包（包括 base，datasets，stats，methods，graphics 等包），它们提供了功能丰富的函数与数据，可以自行调出学习。R 包的安装方法有两种：一种是通过 CRAN 服务器安装；另一种是从 Github 上下载安装，可作为第一种的补充。最常用的方法是通过 install.packages() 命令安装 R 包。本书将重点使用如下几个 R 包。

- igraph 包
- igraphdata 包
- ergm 包
- sand 包

读者可以事先安装以上 R 包。本书的代码示例会尽可能提醒读者所需的 R 包。

使用 R 语言可以十分方便地处理网络结构数据，这里以 igraphdata 包中的 karate 数据为例，展示网络结构数据的导入、处理及可视化过程，代码如下，代码运行结果如图 1-2 所示。

karate 数据记录了某空手道俱乐部成员之间的对战情况。这个网络的节点是空手道俱乐部成员，共 34 个，在图 1-2 中用圆圈表示；这个网络的关系是成员间的对战关系，成员一共产生了 78 次对战，在图 1-2 中用线表示；34 个成员被分成了 2 个阵营，分别用深色与浅色表示。可以看出，阵营内部的对战更加频繁。

注：使用 set.seed() 命令固定随机种子是为了使结果可重复。R 语言的算法、绘图、生成随机数都有一定的随机性。本书的随机种子数多选作 42，这个数字被视为生命、宇宙及任何事情的终极答案。此外，一些绘图命令的随机种子数是经过多次尝试后确定的，以便呈现更好的绘图效果。读者完全可以选择其他的随机种子数。

```
# 加载相应的包，若没有，先用 install.packages() 命令安装
library(igraph)
library(igraphdata)
```

```
# 设置随机种子
set.seed(42)
# 导入 karate 数据
data("karate")
# 展示网络基本情况
karate

## IGRAPH 4b458a1 UNW- 34 78 -- Zachary's karate club network
## + attr: name (g/c), Citation (g/c), Author (g/c), Faction (v/n), name
## | (v/c), label (v/c), color (v/n), weight (e/n)
## + edges from 4b458a1 (vertex names):
##  [1] Mr Hi  --Actor 2  Mr Hi  --Actor 3  Mr Hi  --Actor 4  Mr Hi  --Actor 5
##  [5] Mr Hi  --Actor 6  Mr Hi  --Actor 7  Mr Hi  --Actor 8  Mr Hi  --Actor 9
##  [9] Mr Hi  --Actor 11 Mr Hi  --Actor 12 Mr Hi  --Actor 13 Mr Hi  --Actor 14
## [13] Mr Hi  --Actor 18 Mr Hi  --Actor 20 Mr Hi  --Actor 22 Mr Hi  --Actor 32
## [17] Actor 2--Actor 3  Actor 2--Actor 4  Actor 2--Actor 8  Actor 2--Actor 14
## [21] Actor 2--Actor 18 Actor 2--Actor 20 Actor 2--Actor 22 Actor 2--Actor 31
## [25] Actor 3--Actor 4  Actor 3--Actor 8  Actor 3--Actor 9  Actor 3--Actor 10
## + ... omitted several edges
# 绘制网络结构图
color_grey <- c('grey85','grey60')
plot(karate, vertex.color = color_grey[V(karate)$color])
```

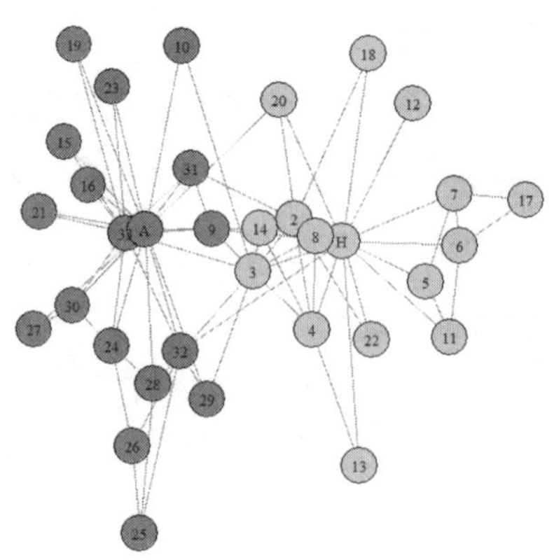

图1-2　karate网络结构图

# 1.3 本书所使用的案例数据

首先，介绍统计学科合作者网络数据，本书的很多章节都会频繁地使用该数据。该数据由从 Web of Science 抓取的数据整理而来，涉及统计学“四大”期刊从 2001 年到 2018 年发表的论文数据。统计学“四大”指的是统计学领域学者公认的四个顶级期刊，包括 *Annals of Statistics (AoS)*，*Biometrika*，*Journal of the American Statistical Association (JASA)* 及 *Journal of the Royal Statistical Society-Series B (JRSS-B)*。统计学科合作者网络包含 4 925 个节点和 10 191 条连边。该网络的节点代表学者，边代表学者之间的论文合作关系。具体地，如果两位学者共同发表了一篇论文，则这两位学者就形成了合作关系。在本数据中，两位学者无论合作了几次，都仅仅视为有合作，因此该网络属于无权网络。其次，因为学者之间的合作关系是相互的、没有方向的，所以这是一个无向网络。除原始网络外，我们还提供了该网络的 6 核心子图，该子图具有 198 个节点和 778 条连边，节点与连边的含义与原始网络一致。核心子图的概念将在后续章节介绍。表 1-1 展示了统计学科合作者网络数据的简要信息。

**表1-1 统计学科合作者网络数据**

| 网络 | 边数据 | 节点数 | 连边数 |
|---|---|---|---|
| 统计学科合作者网络 | edge_largest.csv | 4 925 | 10 191 |
| 统计学科合作者网络6核心子图 | edge_core.csv | 198 | 778 |

接下来介绍《冰与火之歌》人物关系网络。该数据来自 George R. R. Martin 的小说 *A Storm of Swords* 的人物关系网络。该网络中包含 107 个人物，即 107 个节点及 352 条连边。如果在小说中两个名字在 15 个单词内同时出现，则这两个人物之间存在一条连边。连边的权重表示小说中两个名字在 15 个单词内出现的次数。该网络为无向网络。本书提供了该数据集的边数据（got-edges.csv）。

此外，R 语言 igraphdata 包提供了非常丰富的网络结构数据，我们挑选了一部分列举在表 1-2 中。本书将会用到其中的部分数据集。

**表1-2 igraphdata包中的部分数据集及简介**

| 数据集名称 | 数据集简介 |
|---|---|
| Koenigsberg | 哥尼斯堡七座桥构成的网络。节点代表普雷格尔河两岸的陆地及河中央的两个大岛，连边是七座桥梁，四个地点通过桥梁相连 |
| UKfaculty | 英国大学某个教员的个人友谊网络。该网络有81个节点（个人）和817条有向加权边，个体所属的学校是节点的属性，该数据集可以作为社区发现算法的测试数据集 |

续表

| 数据集名称 | 数据集简介 |
| --- | --- |
| USairports | 2010年12月美国机场之间的客运航班网络。该网络的节点代表机场，连边代表航班，该网络是有向网络，边的方向对应飞行方向，两个机场之间的多条航班用多重边表示。每条边有离场数、座位数等属性 |
| enron | 安然公司电子邮件网络。美国司法部公布了一份安然公司的电子邮件数据集，该网络的节点代表电子邮件地址，连边是往来关系 |
| foodwebs | 一系列网络，每个网络代表一个食物网，即一个描述捕食者和猎物关系的有向网络 |
| immuno | 免疫球蛋白交互网络。该网络为无向网络，节点代表1 316个氨基酸，如果两个氨基酸的C_alpha原子之间的最短距离小于阈值 $\theta=8$埃，则在两个氨基酸之间存在一条边 |
| karate | Zachary的空手道俱乐部网络。由校长John A.和空手道教练Mr. Hi（化名）领导的大学空手道俱乐部成员之间的社交网络。边的权重是两个俱乐部成员共同参加的活动的数量。社会学家Zachary研究了这个网络的冲突和分裂。空手道俱乐部在两个派系长期争执后，分裂成两个独立的俱乐部，一个由John A.领导，另一个由Mr.Hi领导。节点的Faction属性给出了节点的派系。俱乐部解体后，除9号成员外，其他成员都根据自己的派系选择新俱乐部。9号成员曾是John A.的成员，但选择了Mr. Hi 的俱乐部 |
| kite | 一个虚构的社交网络。该网络有10个节点 |
| macaque | 猕猴视觉触觉大脑区域的连接网络。该网络由45个区域和463条有向边组成 |
| rfid | 患者和各类医护人员的接触记录网络。该网络记录了2010年12月6日下午1点至12月10日下午2点，法国里昂一家医院老年科患者和各类医护人员的接触情况。本研究中的75人都同意在此期间将RFID传感器佩戴在小型身份识别徽章上，这能够记录其中任何两人在20秒的时间间隔内面对面接触的时间 |
| yeast | 酵母蛋白相互作用网络。该网络为无向网络，节点代表各种蛋白质，连边代表蛋白质之间的相互作用 |

这些数据的使用非常简便，下面展示如何导入 Koenigsberg 数据。

```
# 加载相应的包，若没有，请先用 install.packages() 命令安装
library(igraphdata)
# 查看数据列表
data(package="igraphdata")
# 导入 Koenigsberg 数据
data("Koenigsberg")
# 展示网络基本情况
Koenigsberg
## IGRAPH 227bd5e UN-- 4 7 -- The seven bidges of Koenigsberg
```

```
## + attr: name (g/c), name (v/c), Euler_letter (v/c), Euler_letter (e/c),
## | name (e/c)
## + edges from 227bd5e (vertex names):
## [1] Altstadt-Loebenicht--Kneiphof
## [2] Altstadt-Loebenicht--Kneiphof
## [3] Altstadt-Loebenicht--Lomse
## [4] Kneiphof          --Lomse
## [5] Vorstadt-Haberberg --Lomse
## [6] Kneiphof          --Vorstadt-Haberberg
## [7] Kneiphof          --Vorstadt-Haberberg
```

R 语言 sand 包也提供了一部分网络结构数据，数据集的简介如表 1-3 所示。

表1-3 sand包中的部分数据集及简介

| 数据集名称 | 数据集简介 |
|---|---|
| ecoli.data | 大肠杆菌的基因表达水平网络。在40种不同的实验条件下分别测量了153个基因。该网络的节点是基因，连边是基因间的调控关系 |
| aidsblog | 博客引用关系网络。这是Suchi Gopal在2005年8月随机选取三天时间收集的146个与艾滋病病人及其支持网络相关的博客之间引用关系的快照。从一个博客到另一个博客的有向边，代表前者在其网页中有一个到后者的链接 |
| calldata | 电话流量数据网络。该网络记录了一组1991年奥地利32个电信区之间的电话流量数据 |
| sandwichprobe | 这些数据对应于Coates等人进行的实验，测量2001年短时间内通过Internet发送的数据包探测延迟差异，从莱斯大学ECE（电子和计算机工程）系的台式计算机到其他十个大学的类似机器。这些数据旨在与新提出的Internet拓扑推断方法一起使用 |
| lazega<br>elist.lazega<br>v.attr.lazega | 该数据集来自美国东北部一家法律事务所对公司法律合伙关系进行的网络研究。它包括对该公司71名律师构建的各种网络，即他们的强同事网络、建议网络、友谊网络和间接控制网络。各种成员的属性也是数据集的一部分，包括资历、正式地位、工作所在的办公室、性别、就读的法学院、个人绩效衡量标准（工作时间、带来的费用）、对各种管理政策的态度等 |
| fblog | 法国政治博客网络。该网络提取自2006年10月一天内1 100多个博客的快照，并根据“Observatoire Presidentielle”项目的政治立场分类 |
| g.bip | 一个玩具双模网络 |
| ppi.CC | 134种蛋白质之间的241种相互作用网络 |
| strike | 在木材加工厂罢工的背景下，提议修改工人补偿方案后，工人之间协商关系网络。两名工人之间的边代表他们中至少一名工人表示他们与另一名工人的协商频率适中 |

此外，我们还会提供一些经典的网络结构数据和网站。

- American College football：在常规赛季期间美国橄榄球比赛的网络。节点代表球队（由大学名称标识），边代表常规赛两支球队之间的比赛。这个网络的有趣之处在于，它包含了一个已知的社区结构。这些队伍被分成 8 ～ 12 个小组。同一个联盟的成员之间的比赛比不同联盟的成员之间的比赛更频繁。在 2000 年的赛季中，每个球队平均要打 7 场联盟内的比赛和 4 场联盟之间的比赛。联盟之间的比赛不是均匀分布的，与地理距离远的球队相比，地理位置靠近但属于不同联盟的球队更有可能进行比赛。
- Political blogs：2005 年由 Adamic 和 Glance 记录的美国政治博客之间的定向超链接网络。节点 value 属性表示政治倾向：0（左派或自由派），1（右派或保守派）。

所有数据链接及数据集网站，请扫描本书封底二维码，输入 77 页资源提取码获取。

# 第2章

CHAPTER 2

## 认识网络结构数据

本章帮助读者认识网络结构数据。2.1 节给出了网络结构数据的定义。2.2 节给出了网络结构数据的简单分类并配以实例进行说明，包括 0-1 网络、加权网络、符号网络、双模网络、动态网络和其他类型网络等。2.3 节给出了更多的实际例子，包括社交网络、贸易网络、疾病传播网络等。2.4 节定义了邻接矩阵，这是网络结构数据的数学表达。2.5 节展示了网络结构图，这是网络结构数据的可视化表达。2.6 节给出了一些简单的代码示例，帮助读者熟悉 R 语言中的 igraph 包。2.7 节为本章小结。

## 2.1 网络结构数据的定义

网络是由节点及它们之间的关系构成的集合，这种类型的数据统称为网络结构数据。节点（Node/Actor/Individual/Vertex）又称作个体，可以是人、机构甚至是国家。关系（Relationship）是在节点之间产生的一种联系。根据节点的不同，关系可以是人之间的好友关系、机构之间的合作关系，以及国家之间的贸易往来等。

从以上定义可知，网络结构数据涵盖的范围非常广。此处给出一个简单的社交网络例子。假设网络中有 4 个节点：小红、小明、小宝和小刚，我们感兴趣的是他们之间的好友关系。已知小红与小明是朋友，小红与小刚是朋友，小明与小刚是朋友，小明与小宝是朋友，那么可以用如图 2-1 所示的这个简单的社交网络表示他们四人之间的关系。小红与小明存在好友关系，他们之间产生了一条边（或称连边，Edge/Tie/Link），小刚与小宝不存在好友关系，他们之间便没有直接产生连边。但是小刚与小宝有共同的好友小明，因此他们之间存在间接的联系。

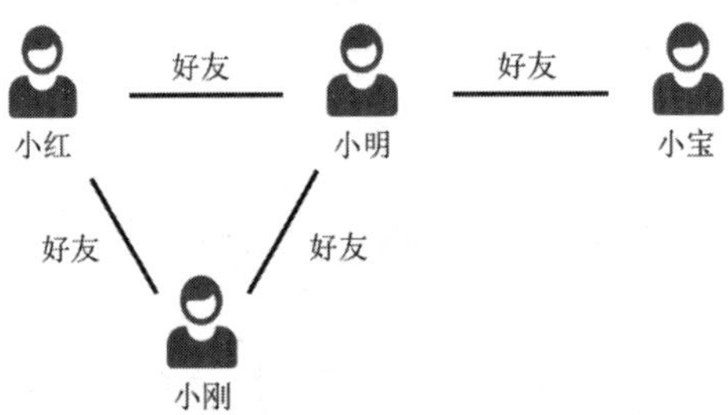


图2-1　社交网络示例

图 2-1 是网络结构图（Network Graph），它是专门针对网络结构数据的一种可视化工具。一般而言，节点就是图中的顶点，节点之间存在的联系呈现为顶点间的连边。从以上的例子可以看出，网络中的节点并不独立，而是通过各种关系产生联系，形成网络。这使得网络结构数据区别于传统的数据（往往假定个体独立），因此需要发展新的统计分析方法（包括可视化工具、统计新模型等）。目前，针对网络结构数据的研究方法在诸多领域都有广泛的应用，除了社交网络，还有基因网络、疾病传播网络、电力网络、交通网络等。

## 2.2 网络结构数据的分类

在实际应用中，网络结构数据的类型非常丰富。本小节将给出网络结构数据的简单分类及一些实际例子。网络的分类具体包括：0-1 网络、加权网络、符号网络、双模网络、动态网络及其他类型网络等。

### 2.2.1 0–1网络

0-1 网络又称无权网络（Unweighted Network），网络中节点之间的关系取值为 0 或 1（对应着连边是否存在，存在取值为 1，不存在取值为 0）。例如，图 2-1 中小红与小明存在好友关系，则他们之间的关系取值为 1，存在连边；小刚与小宝不存在好友关系，则他们之间的关系取值为 0，不存在连边。

0-1 类型的网络又可以进一步分为无向网络（Undirected Network）和有向网络（Directed Network），本质区别是网络中的关系是否存在方向。通常，无向网络的关系是对称的，而有向网络的关系不是对称的。下面分别以合作者网络（Co-authorship Network）和引文网络（Citation Network）具体举例说明什么是无向网络和有向网络。

在学术研究中，合作者网络和引文网络较为常见。合作者网络的节点是学者，节点之间的关系通常定义为合作关系。一般认为，两个学者合作发表论文就存在合作关系，而且这种合作关系是没有方向的。因此，合作者网络可以看作一个无权并且无向的网络。

Newman（2004b）研究了三个不同学科的合作者网络，分别是生物医学、物理学和数学。他发现了不同学科的合作者网络存在差异。例如，数学家的合作者平均有 3.9 人，物理学家的合作者平均有 9.7 人，而生物医学家的合作者平均高达 18.1 人。因此与数学家和物理学家相比，生物医学家的合作者较多。Ji and Jin（2016）通过研究统计学合作者网络，识别出了中心度较高的重要学者，并且找出了 15 个不同领域的研究群体，包括变量选择、空间统计等。图 2-2 是一个统计学合作者网络示例（Ji and Jin, 2016）。网络中的节点代表统计学者，若两位学者合作发表过论文，则这两个节点之间存在一条连边。部分重要学者的姓名被标注了出来。

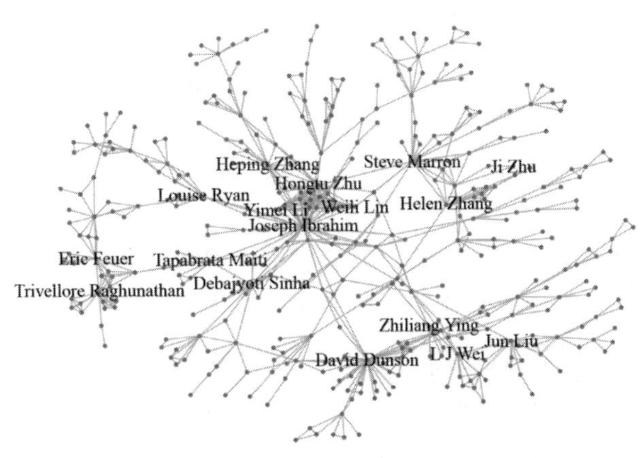


图2-2　统计学合作者网络示例

在引文网络中，节点代表论文，节点之间的关系定义为论文之间的引用关系。通常将“论文A引用论文B”表示为“论文A→论文B”。可以看出，引文网络的关系是存在方向的。由于论文发表的时间有先后，很少出现在论文A引用论文B的前提下，论文B又引用论文A的情况，因此，引文网络的方向通常是单向的。若论文A引用论文B，论文B引用论文C，则不会出现论文C引用论文A的情况，因此，在引文网络中不会出现单向环状结构。

综上所述，引文网络是一类非常特殊的有向网络，我们称之为有向无环网络（Directed Acyclic Network/Graph, DAG）。通过分析引文网络，可以识别重要的论文，探索当前学科领域的研究热点。

图2-3展示了部分统计学论文的引文网络（Gao et al., 2021），这些论文来自变量选择这一研究领域。图2-3中的节点代表论文，带有箭头的边代表引用关系。2010年发表的论文*Nearly unbiased variable selection under minimax concave penalty*引用了2006年发表的论文*The adaptive Lasso and its oracle properties*，则存在一条由前者指向后者的边。从图2-3可以看出，有的节点（论文）存在很多指向它的边，这代表该论文被引用的次数较多，可能是高被引文献。

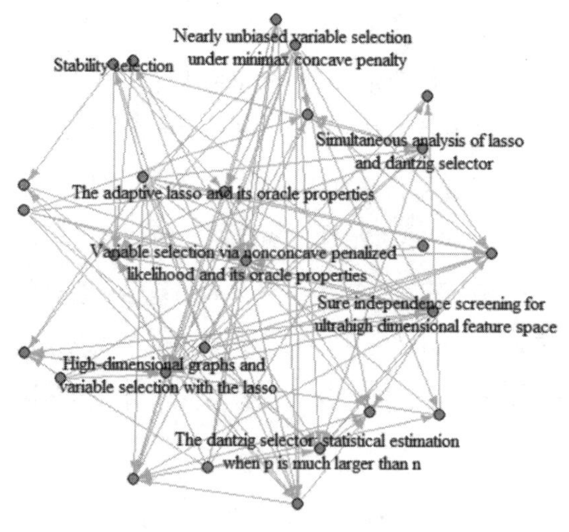


图2-3 论文引文网络示例

## 2.2.2 加权网络

0-1网络的连边只能反映节点间是否存在联系，而不能体现这种联系的强弱程度。相较无权网络，加权网络（Weighted Network/Valued Network）中节点之间的连边带有权重，边的权重可以反映节点之间联系的强弱程度。图2-4展示了一个加权的合作者网络（Lojo et al.，2019），其中节点代表中国出境游研究领域的学者，边代表两个学者之间有合作关系，边的权重是两个学者的合作次数。图中连边的粗细与边的权重成正比。

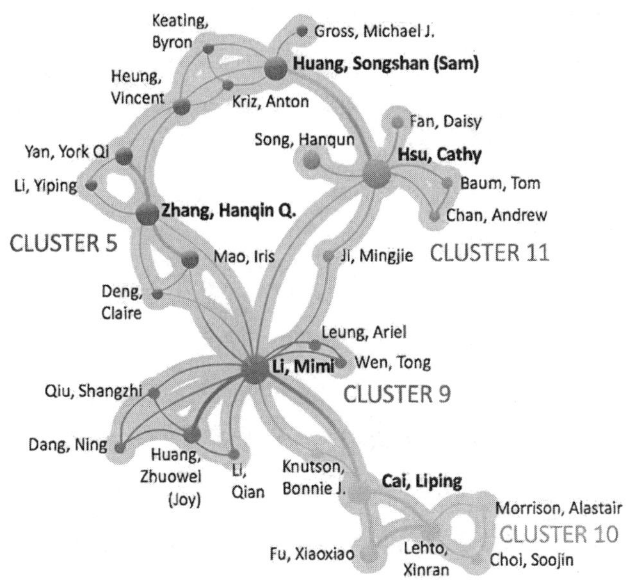


图2-4　加权合作者网络示例

图 2-5 展示了 2000 年和 2018 年“一带一路”沿线国家学者的论文合作网络（Gui et al., 2019）。图中的节点代表国家或地区，边的权重是两个国家或地区学者的合作次数，边的权重越大，连边越粗。根据边的权重信息可以看出，在 2000 年俄罗斯学者和波兰学者合作论文数量最多，而在 2018 年中国学者和新加坡学者合作论文数量最多。这些结论是无法通过 0-1 网络展示出来的。

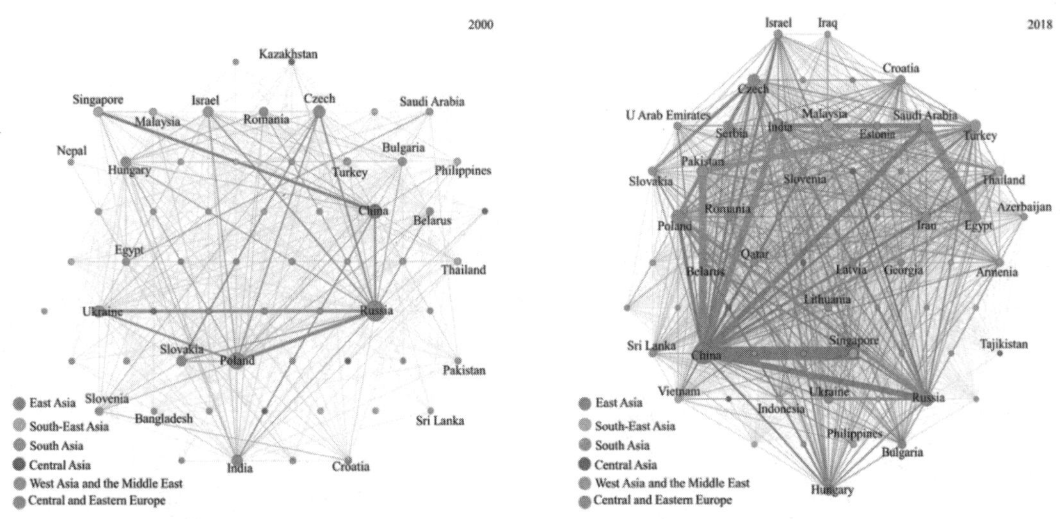


图2-5　加权网络示例

现实生活中的很多网络也可以理解成加权网络。例如，社交网络中个体之间的联系存在强弱之分；国际贸易网络中不同国家或地区之间有着不同的进出口量；航空运输网络中不同地区之间的航班数量也不同。在很多情况下，边的权重是已知的，忽略它们会损失部分信息。因此，要充分利用加权网络的边的权重信息。

### 2.2.3 符号网络

符号网络（Signed Network）是指连边具有正或负符号属性的网络，其中正号表示朋友、喜欢、信任、协作等积极关系，用符号“+”标识；负号表示敌人、讨厌、不信任、竞争等消极关系，用符号“-”标识。符号网络广泛存在于社会学、生物学和信息学等领域。例如，在社会学领域，国家之间存在同盟与敌对关系；在生物学领域，基因存在促进与抑制关系。符号网络中的正负关系有助于研究网络结构及符号形成原理和演化机制，在个性化推荐、态度预测、垃圾站点识别等领域有着广泛的应用。

图 2-6 展示了 2 种复合物（Pentameric 复合物和 TGF-Core 复合物）的相互作用图（Ou-Yang et al., 2015）。蛋白质根据它们所属的复合物进行标记：矩形代表属于 Pentameric 复合物的蛋白质，圆形代表属于 TGF-Core 复合物的蛋白质，平行四边形代表具有其他功能的蛋白质。阴影区域表示模型检测出来属于同一复合物的蛋白质。右图连边上的“+”表示两个蛋白质是共复合体或具有共同功能，“-”表示两个蛋白质之间存在抑制关系。从检测结果来看，图（a）无符号网络中将属于不同复合物的蛋白质进行了划分，图（b）有符号网络能更准确地划分不同复合物的蛋白质，因此连边的符号属性能提高检测准确度。

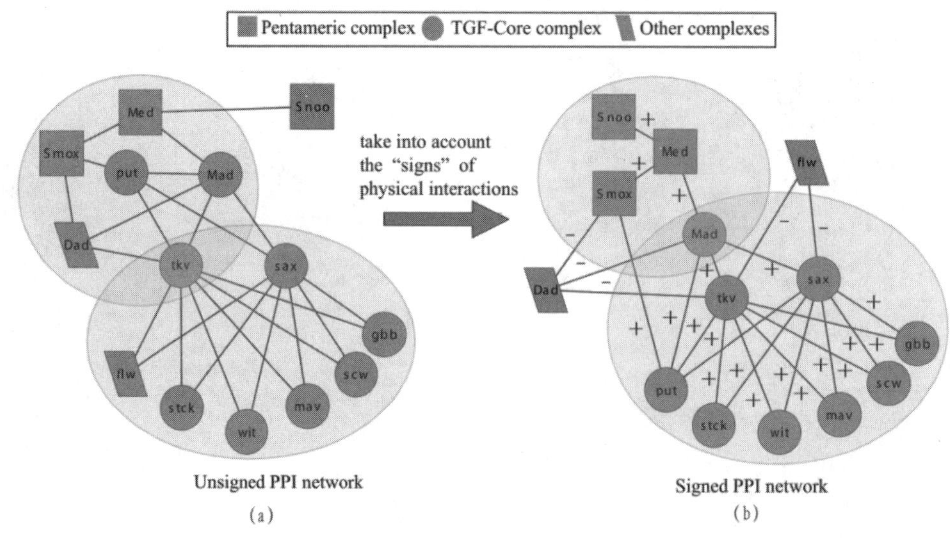


图2-6 符号网络示例

## 2.2.4 双模网络

双模网络（Two-mode Network）是定义在两种不同类型节点上的网络，并且关系仅存在于不同类型的节点之间。双模网络广泛存在于搜索引擎、推荐系统、问答系统等应用中。例如，在推荐系统中，用户和商品就形成了一个双模网络。用户和商品分别是两种不同类型的节点，而连边可以代表用户是否浏览某种商品。图 2-7 是一个简单的双模网络示意图（Banerjee et al., 2017），其中节点分别代表董事和公司。$U$代表董事的集合，一共有 6 个董事；$S$代表公司的集合，一共有 4 个公司。如果董事$u_1$是公司$s_1$的成员，则他们之间存在一条连边。由于双模网络明确了两种不同类型节点之间的联系，因此可以被用来研究两类节点之间的关系或影响，对理解社会活动具有重要意义。

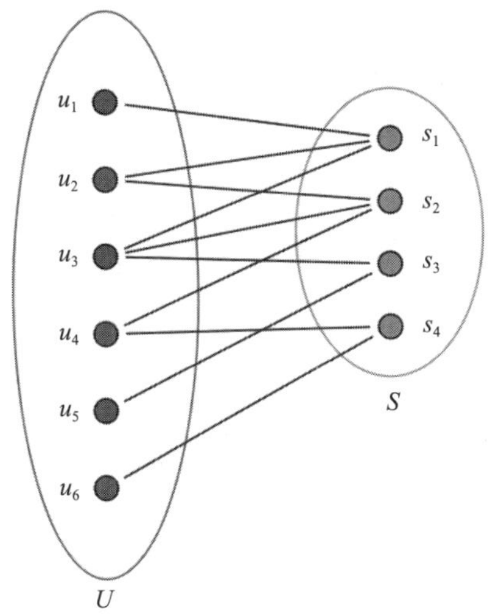


图2-7　双模网络示例

## 2.2.5 动态网络

之前介绍的网络都默认是在某个时间点观察到的，属于静态网络。如果观察到的网络随时间而变化，则称其为动态网络（Dynamic/Temporal Network）。如图 2-5 所示的两个网络，它们分别是 2000 年和 2018 年“一带一路”沿线国家学者的论文合作网络，可以发现后者网络中的连边数明显多于前者。日常生活中许多网络结构数据都具有丰富的时间信息，个体之间的联系会随着时间而动态演变。以微信为例，用户可以注册微信，进而添加或删除好友，还可以与好友交流，这就可以形成一个动态网络，其中用户是节点，通信频率是边的权重。一段时间后，部分用户可能会注销微信账户或降低与好友的交流频率。在这种情况下，节点的数量、边的权重和边的数量都随着时间而变化。

以图 2-8 为例（Guo et al.，2014），假设该图代表四个时间段所对应的微信好友网络。方框代表微信用户，连边上的数字代表交流频次。在时间段（a）中，用户 2 和用户 3 是好友关系，交流频次为 1。而在时间段（b）中，用户 2 和用户 3 不再是好友关系，且增加了新用户 8，网络结构发生了改变。在时间段（c）中，由于用户 4 和用户 5 不再是好友关系，网络一分为二，两部分的节点之间没有连边。在时间段（d）中，由于用户 5 和用户 6 不再是好友关系，网络再次被切分成三个独立的部分，三个部分的节点之间都没有连边。动态网络能够很好地展现节点的新增与消失、节点群的合并与分割及边的权重的变化，因此用动态网络来刻画此类系统可以更好地理解系统的演化过程。

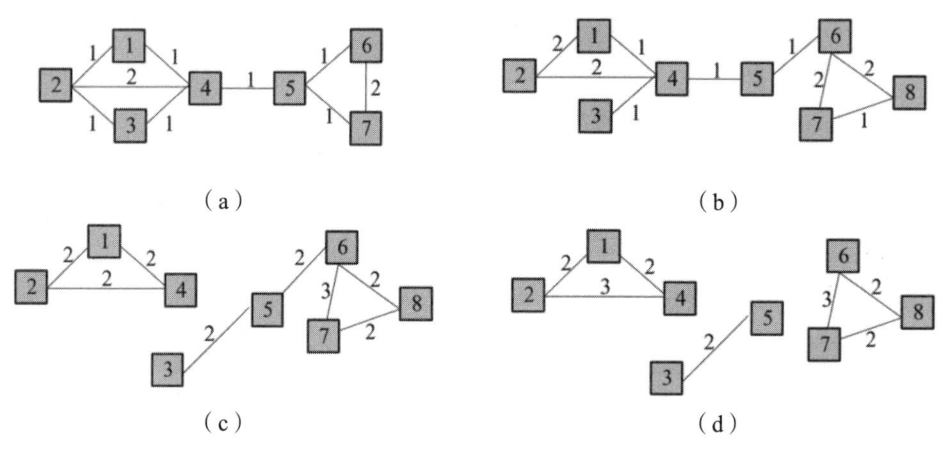

图2-8　动态网络示例

## 2.2.6 其他类型网络

除了上述的网络，还有一些其他类型的网络。本节对多重图和具有树状结构的网络做简要介绍。

多重图（Multi-graph）中两个节点之间定义了不止一种类型的边，因此可以用来研究节点之间存在多种关系的情形。以图 2-9 为例（Gjoka et al., 2011），6 个网络中的节点代表相同的五个人。（a）～（c）分别展示了三种不同关系的网络，其中（a）中的连边代表节点之间存在好友关系，（b）中的连边代表节点在同一个群体中，（c）中的连边代表两个节点参加同一事件。通常有两种方式同时分析上述三个网络：一是将三个网络中节点之间的关系退化，如（d）所示，只要两个节点之间存在上述三种关系中的其中一种，这两个节点之间就存在一条连边；二是将三个网络合并成一个多重图，如（e）所示，其中实线代表好友关系，点线代表群体关系，虚线代表事件关系。（f）解释了多重图（e）的形成方式，即多重图是简单网络的组合。

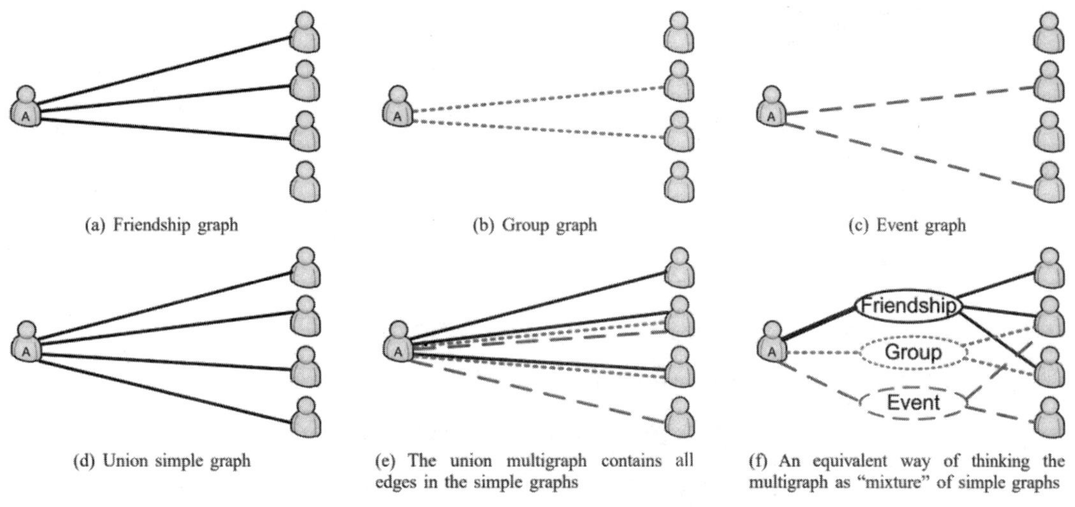


图2-9　多重图示例

在图论中，没有环的连通图称为树。树状结构是一个比较特别的网络结构，因此有一些特殊的概念。在一个具有树状结构的网络中，连边称为“枝”。一个具有树状结构的网络可以想象成从某一个节点开始进行分枝，那么这个节点就是“根”（Root Node）。网络中每一个节点都可以作为根。选定根后，由根开始不断分枝，途中所有无法再分枝的节点称为“叶”（Leaf Node）。以图 2-10 为例（Csárdi et al.，2016），（a）和（b）为同一个具有树状结构的网络，不同的是，（a）以节点 A 为根，（b）以节点 C 为根。两个图中的叶均为 F、G、H、I、J、K、L、M、N、O 和 E。

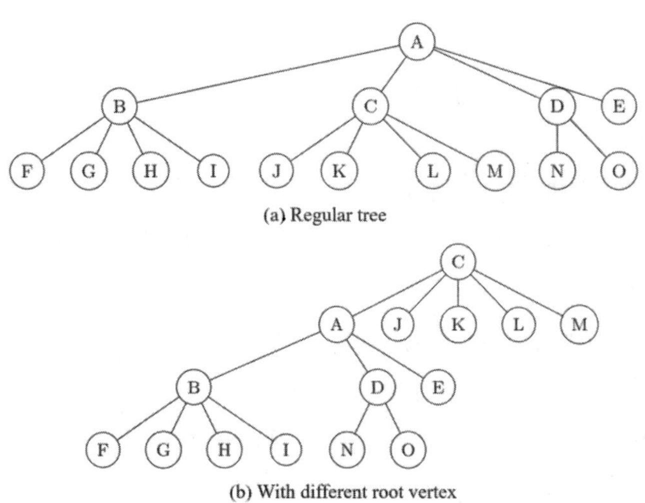


图2-10　具有树状结构的网络示例

# 2.3 更多例子

本小节给出更多的网络结构数据示例，包括社交网络、贸易网络及疾病传播网络等，帮助读者更好地理解网络结构数据的实际应用。

## 2.3.1 社交网络

社交网络刻画了由个人或组织构成的一种社交结构。图 2-11 展示了一个人际关系网络（Hunter et al., 2008），其中节点代表学生，边代表两个学生是朋友关系。此外，这个网络还带有节点属性，分别是学生的性别和年级。节点的形状代表性别：圆圈代表女性，方框代表男性，三角形代表未知。节点上标的数字代表学生的年级，“-”表示未知。

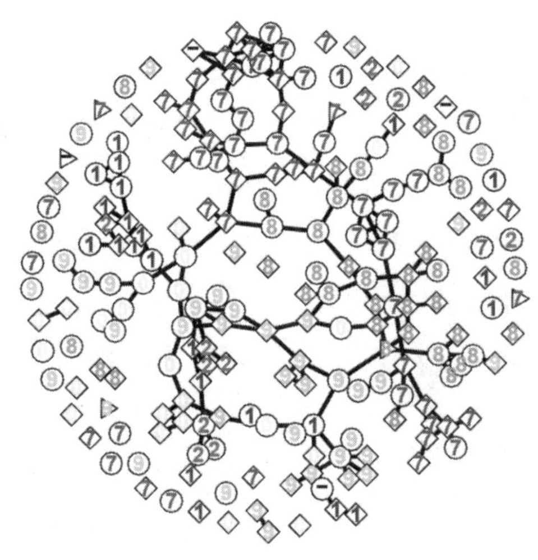

图2-11　人际关系网络示例

此外，很多社交网络的例子属于自我中心网络（Ego Network）。自我中心网络中的节点是由唯一的一个中心节点（Ego）及与这个节点有直接联系的邻居（Alter）组成的。网络中的连边只包括中心节点与其邻居之间及中心节点的邻居之间的连边。以图 2-12 为例（Mcauley and Leskovec, 2014），针对中心节点 $u$ 而言，只考虑这个中心节点、其邻居，以及其邻居之间的连边，就可以得到一个以 $u$ 为中心的网络，即自我中心网络。

网络结构数据的抽样与自我中心网络密切相关。网络结构数据的抽样是指抽取一部分节点及这些节点之间的关系，这样就得到了一个子网络。一般而言，会先随机抽取一些节点作为种子，进而以这些种子为中心节点获得它们的自我中心网络。这种抽样方法属于滚雪球抽样（Snowball Sampling），得到的子网络能够极大地保留原始网络的一些结构特征。

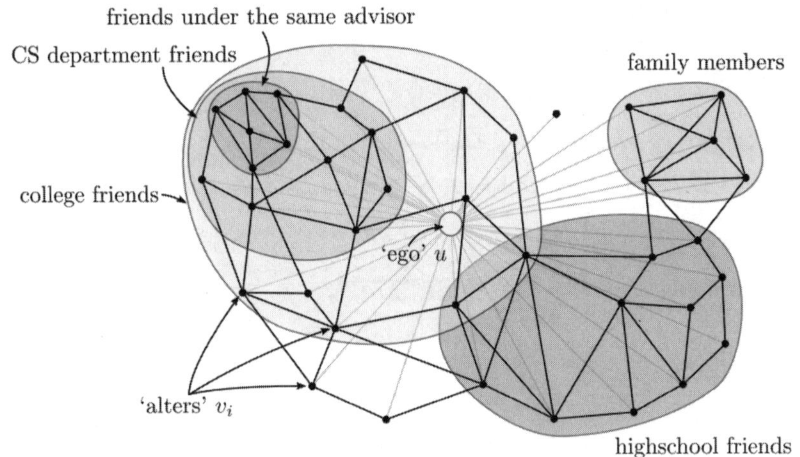


图2-12 自我中心网络示例

## 2.3.2 贸易网络

国家之间的贸易往来可以形成贸易网络，其中节点为贸易国，连边代表两国之间的贸易流，方向即为贸易流的方向，即从出口国指向进口国。利用网络来刻画国家间的贸易往来可以突出网络中国家间的关系及网络本身的结构特征。很早就有学者通过网络来对国家之间的贸易往来进行图形可视化。1928 年国家或地区间的贸易网络（Hilgerdt，1943）如图 2-13 所示。网络中的节点代表一个国家或地区，连边代表两个节点之间存在进出口关系，方块中的较小的数字代表出口国的出口平衡，较大的数字代表进口国的进口平衡，单位为百万美元。例如，美国对德国的出口平衡是一亿九千万美元，德国对美国的进口平衡是两亿八千万美元。

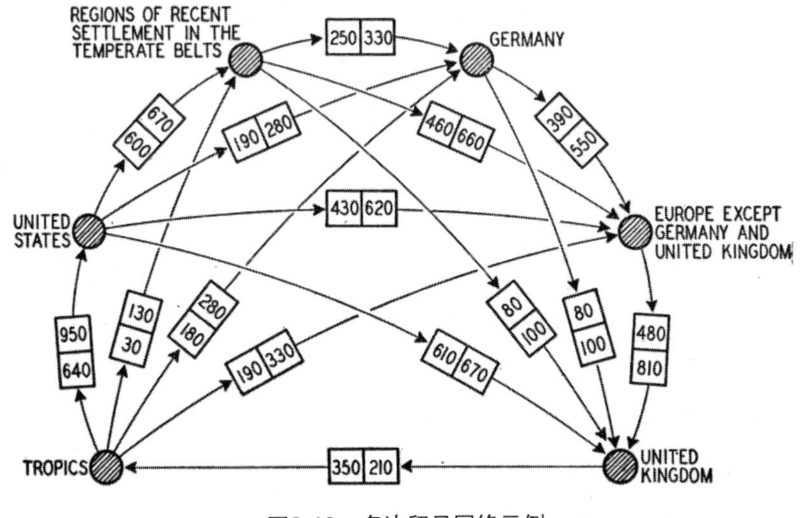


图2-13 多边贸易网络示例

### 2.3.3 疾病传播网络

传染病的病原体在个体之间传播，由此形成了疾病传播网络。在疾病传播网络中，节点代表处于健康状态下或被感染状态下的个体，而节点之间的连边表示人与人之间的近距离物理接触。一个简单的疾病传播网络示例如图 2-14 所示，其中黑色节点表示被感染的节点，白色节点表示健康节点，阴影节点表示真实的传播源节点。根据不同时刻的疾病传播网络，可以利用溯源模型来推断传播源是哪个节点，以此解决疾病传播溯源问题。

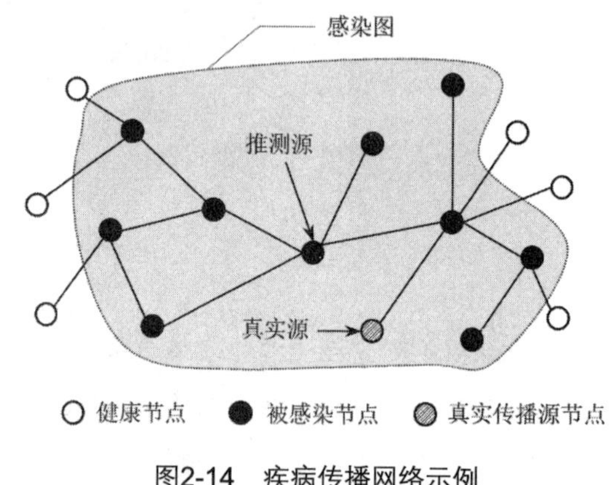


图2-14 疾病传播网络示例

## 2.4 邻接矩阵

本节介绍邻接矩阵（Adjacency Matrix）的概念。邻接矩阵是网络结构数据的数学表达，在描述网络特征、对网络结构进行建模的过程中发挥着重要作用。

假设网络中有$n$个个体，用$i=1,\cdots,n$表示。如果个体$i$到个体$j$存在某种关系，例如，$i$在社交平台关注了$j$，那么定义$A_{ij}=1$，否则$A_{ij}=0$。矩阵$A=\left(A_{ij}\right)\in R^{n\times n}$称为邻接矩阵，维数是$n\times n$。本书始终假设矩阵的对角元素是 0，即$A_{ii}=0$，不讨论节点自身产生连边的网络结构数据。

前文提到，0-1 网络又可以分为无向网络和有向网络。如果网络是无向的，那么$A_{ij}=A_{ji}$，邻接矩阵是个对称矩阵，即$A=A'$，其中$A'$是矩阵 $A$ 的转置。如果网络是有向的，那么可能存在$A_{ij}\neq A_{ji}$，邻接矩阵往往是非对称的。图 2-15 分别是无向网络和有向网络的邻接矩阵示例。可以看到，左图所展示的邻接矩阵包括 5 个节点，因此矩阵有 5 行 5 列，这是个对称矩阵，其元素关于主对角线对称，如$A_{12}=A_{21}=1$。右图的邻接矩阵也包括 5 个节点，但是网络关系不对称，如$A_{12}=1$，但是$A_{21}=0$。不管是否对称，我们都假定邻接矩阵的对角元素为 0。

$$
\begin{bmatrix}
0 & 1 & 0 & 0 & 1 \\
1 & 0 & 1 & 0 & 0 \\
0 & 1 & 0 & 0 & 0 \\
0 & 0 & 0 & 0 & 1 \\
1 & 0 & 0 & 1 & 0
\end{bmatrix}
\qquad
\begin{bmatrix}
0 & 1 & 0 & 0 & 0 \\
0 & 0 & 1 & 0 & 0 \\
0 & 0 & 0 & 0 & 0 \\
0 & 0 & 1 & 0 & 1 \\
1 & 0 & 0 & 1 & 0
\end{bmatrix}
$$

图2-15　对称的邻接矩阵（左）和非对称的邻接矩阵（右）

对于其他类型网络，也可以定义邻接矩阵。如图 2-16 所示，这是无向加权网络的邻接矩阵示例（Newman，2004a）。左图是一个无向加权网络，节点 A 和节点 C 的连边的权重是 3。右图是其对应的邻接矩阵，该矩阵是一个对称矩阵。矩阵的元素不局限于 0 或 1，例如，$A_{13} = A_{31} = 3$。

$$
\begin{array}{c}
 \\ A \\ B \\ C \\ D
\end{array}
\begin{array}{c}
\begin{array}{cccc} A & B & C & D \end{array} \\
\begin{bmatrix}
0 & 1 & 3 & 1 \\
1 & 0 & 2 & 0 \\
3 & 2 & 0 & 0 \\
1 & 0 & 0 & 0
\end{bmatrix}
\end{array}
$$

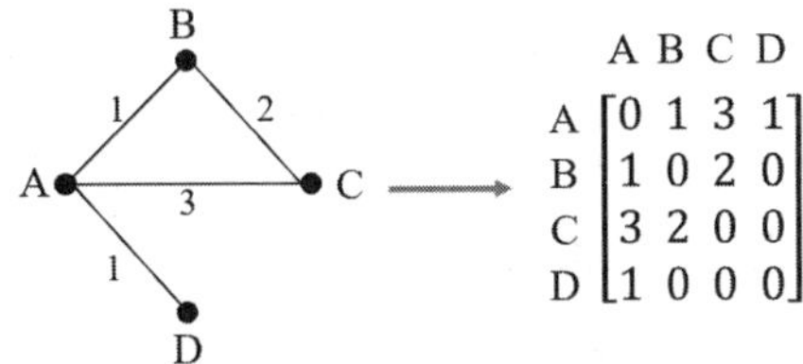

图2-16　无向加权网络及其邻接矩阵

动态网络的邻接矩阵是随时间变化的。图 2-8 中的动态网络在时刻 a 与时刻 b 的邻接矩阵如图 2-17 所示。时刻 a 网络中有 7 个节点，对应的邻接矩阵是 $7 \times 7$ 维矩阵。时刻 b 相较时刻 a 新增了 1 个节点（8 个节点），因此时刻 b 的邻接矩阵是 $8 \times 8$ 维矩阵。除了节点数量的变化，网络的连边的权重也可能会发生变化。例如，时刻 a 的邻接矩阵的第一行第二列取值为 1，时刻 b 该取值变为 2。

$$
\begin{bmatrix}
0 & 1 & 0 & 1 & 0 & 0 & 0 \\
1 & 0 & 1 & 2 & 0 & 0 & 0 \\
0 & 1 & 0 & 1 & 0 & 0 & 0 \\
1 & 2 & 1 & 0 & 1 & 0 & 0 \\
0 & 0 & 0 & 1 & 0 & 1 & 1 \\
0 & 0 & 0 & 0 & 1 & 0 & 2 \\
0 & 0 & 0 & 0 & 1 & 2 & 0
\end{bmatrix}
\longrightarrow
\begin{bmatrix}
0 & 2 & 0 & 1 & 0 & 0 & 0 & 0 \\
2 & 0 & 0 & 2 & 0 & 0 & 0 & 0 \\
0 & 0 & 0 & 1 & 0 & 0 & 0 & 0 \\
1 & 2 & 1 & 0 & 1 & 0 & 0 & 0 \\
0 & 0 & 0 & 1 & 0 & 1 & 1 & 0 \\
0 & 0 & 0 & 0 & 1 & 0 & 2 & 2 \\
0 & 0 & 0 & 0 & 1 & 2 & 0 & 1 \\
0 & 0 & 0 & 0 & 0 & 2 & 1 & 0
\end{bmatrix}
$$

时刻 a　　　　时刻 b

图2-17　动态通信网络邻接矩阵

定义邻接矩阵有很多好处，描述网络特征的统计量可以通过邻接矩阵较为容易地获得。读者可以先做一些简单的思考，例如，对矩阵所有的元素求和有什么含义？对矩阵的每一行及每一列分别求和又能代表什么？我们将在第四章讨论这些问题。需要注意的是，实际存储网络的时候，多使用连边的列表（Edge List）这种存储方式，而非直接存储邻接矩阵。以前文中图 2-15 右侧的非对称邻接矩阵为例，这个网络存在 5 个节点，6 条连边，连边的列表记录为（1，2），（2，3），（4，3），（4，5），（5，1），（5，4），实际存储形式为两列，第一列是连边的起点（节点编号），第二列是连边的终点（节点编号）。这种存储方式避免了邻接矩阵中存在大量的 0，在 R 语言中也能比较容易地转换成网络结构图。

## 2.5 网络结构图

邻接矩阵是网络结构数据的一种数学表达，对于初学者，这种表示并不直观，因此，经常用网络结构图来进行可视化展示。网络结构图是专门针对网络结构数据的一种可视化工具。一般而言，节点就是图中的顶点，节点之间存在联系呈现为顶点间的连边。许多软件都能输出友好的网络结构图，包括 R 语言、Python，以及专门进行网络结构数据可视化的软件 Gephi。本书只详细讨论 R 语言的相关功能。

可以将网络结构数据记成图 $G=(V,E)$，其中 $V$ 是节点的集合，$E$ 是连边的集合。假设网络中有 $n$ 个节点，那么 $V=\{v_1\cdots v_n\}$ 就是全部节点的集合，其中 $v_i$ 代表第 $i$ 个节点。假设网络中存在 $L$ 条连边，那么 $E=\{e_1\cdots e_L\}$ 就是网络中出现的连边的集合。将网络结构数据视作图，可以利用图论的工具对网络结构数据进行分析。本书将在第四章进行这方面的讨论。

对于如图 2-18 左图所示的邻接矩阵，可以用如图 2-18 右图所示的网络结构图进行展示，二者（邻接矩阵和网络结构图）是一一对应的。例如，节点 1 和节点 2 之间有一条边，邻接矩阵第 1 行第 2 列的元素取值为 1；再如，节点 3 和节点 4 之间并没有连边，邻接矩阵第 3 行第 4 列的元素取值为 0。不过，网络结构图的布局并不唯一，图 2-18 就展示了两种不同的布局：环形布局和力导向布局。网络结构图的多种布局形式使得其可视化非常丰富，本书将在第三章讨论网络结构数据的可视化。

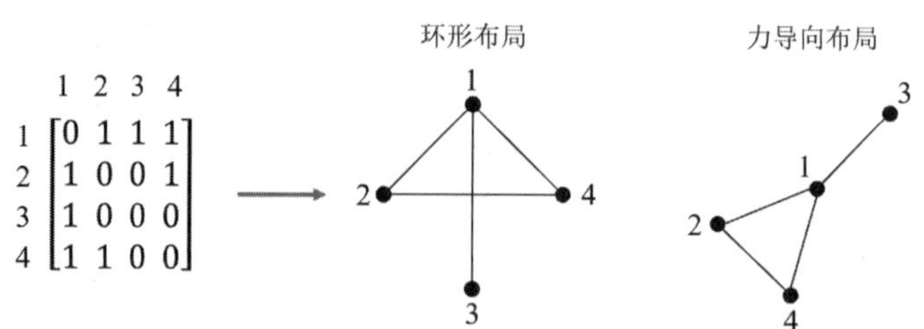


图2-18　邻接矩阵与其网络结构图

下面给出更多网络结构图的示例，读者也可以参考本章最后的代码绘制简单的网络结构图。

2000 年“一带一路”沿线国家学者的论文合作网络（Gui et al.，2019）如图 2-19 所示。节点代表国家，连边的权重是两个国家学者的合作次数，权重越大，连边越粗。虽然图 2-19 与前文图 2-5 左图描述了相同的网络，但是图 2-19 区分了核心节点与边缘节点。由此可以看出，网络除了可以反映出节点之间的关系外，还可以通过布局来传达其他信息。

图 2-20 展示了 1996 年德国公司资本连锁情况（Scott and Carrington，2011），节点分别代表金融行业（浅色）和工业（深色）的公司，连边代表两个公司之间存在资本连锁。图中根据公司的地位差异对节点进行了布局，地位越高的公司越靠近中心。很容易看出，金融行业的公司占据主导地位，保险公司 Allianz 在中心占据了最大的优势地位。

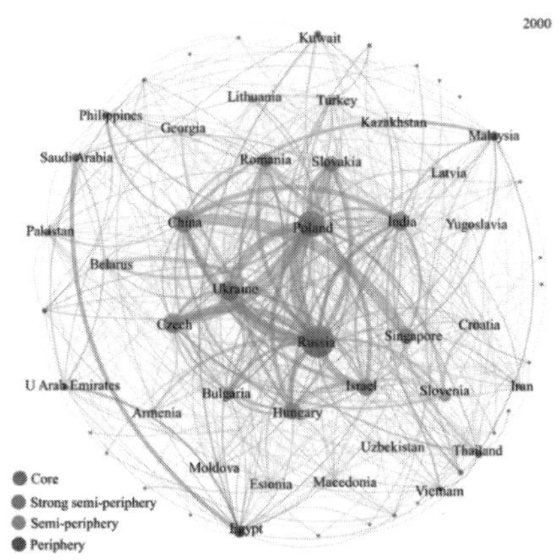


图2-19　2000年“一带一路”沿线国家学者合作网络结构图

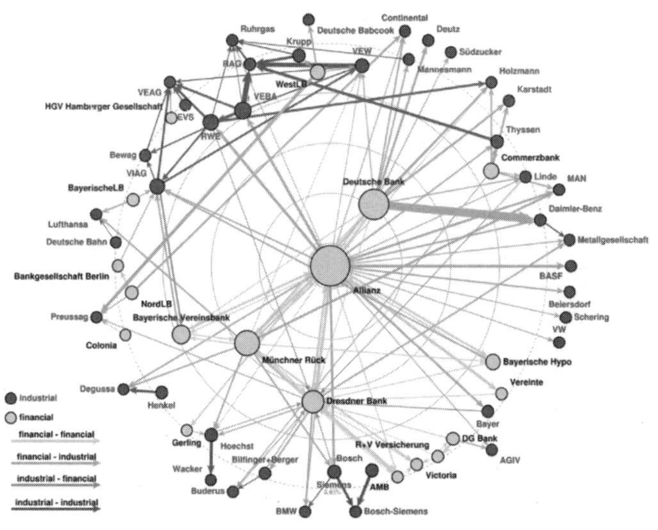


图2-20　1996年德国公司行业地位差异放射状布局

## 2.6 igraph包相关代码示例

R 语言中的 igraph 包可以用来分析网络结构数据并进行可视化。igraph 包的功能十分强大，可以快速创建、绘制和分析无向图及有向图。接下来就对 igraph 包的内容进行学习。

首先学习如何使用 R 语言中的 igraph 包新建一个空网络，并逐步添加网络节点和网络连边，共分为如下三个步骤。

第一步：创建空网络。

使用的函数为 make_empty_graph(n=0, directed) 或 graph.empty(n=0, directed)。其中，参数 *n* 表示创建网络的节点数，*n* 为 0 时表示创建的是空网络，不包括任何节点。参数 directed 用来设定网络是有向还是无向的，TRUE 表示有向，FALSE 表示无向，R 语言默认创建的是有向网络。

第二步：添加网络节点。

使用的函数为 add_vertices(graph, nv, …, attr)。该函数主要包括 graph 和 nv 两个参数，其中 graph 表示需要添加节点的网络结构图，nv 表示添加节点的个数。此外，可输入其他参数以设定节点的颜色和属性等。

第三步：添加网络连边。

使用的函数为 add_edges(graph, edges, …, attr = list())。该函数主要包括 graph 和 edges 两个，graph 表示需要添加连边的网络结构图，edges 表示需要添加的连边，其输入形式是一个长度为偶数的网络节点序列。从第一个节点开始，每两个节点表示一条连边，若网络结构图为有向图，连边由每组的奇数项节点指向偶数项节点。此外，也可以输入一些其他参数设置边的颜色和属性等。

创建空网络并添加节点和连边的具体代码如下。

```
# 设置随机种子
set.seed(42)
# 创建空网络
g = make_empty_graph()
# 查看网络
g
## IGRAPH 7ae80f5 D--- 0 0 --
## + edges from 7ae80f5:
# 将画布分成一行两列
par(mfrow = c(1,2))
# 添加 6 个节点
```

```
g = add_vertices(g, 6)
# 查看网络
g
## IGRAPH 7ae9471 D--- 6 0 --
## + edges from 7ae9471:
# 绘制网络结构图
plot(g, main = '添加节点')
# 添加连边
g = add_edges(g, c(1,2,2,3,1,3,3,4,4,5,1,5,3,6,2,6,5,6))
# 查看网络
g
## IGRAPH 7aeda3b D--- 6 9 --
## + edges from 7aeda3b:
## [1] 1->2 2->3 1->3 3->4 4->5 1->5 3->6 2->6 5->6
# 绘制网络结构图
plot(g, main = '添加连边')
```

绘制出的网络结构图如图 2-21 所示。

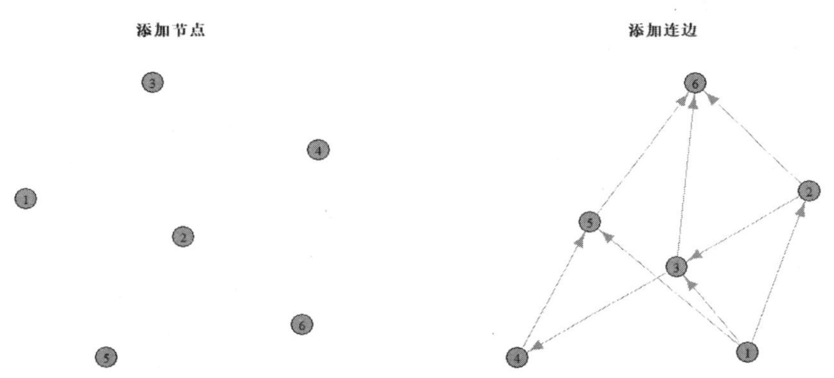


图2-21　绘制出的空网络结构图

以上代码实现了 R 语言 igraph 包生成空网络并添加节点和连边的过程。每一步网络的输出结果中，第一行的两个数字分别表示节点数和连边数。如第一步生成空网络，节点数和连边数均为 0。添加 6 个节点后，节点数变为 6，但连边数仍为 0。添加连边后，连边数变为 9。网络结构图更清晰地展示了此网络的生成过程。

在实际应用中，往往是根据已知的边数据来构建网络。使用的函数主要有以下两个。

1. graph_from_edgelist(el, directed = TRUE)：参数 el 表示边数据，注意此函数中边数据必须以列数为 2 的矩阵格式输入；directed 的参数值 TRUE 和 FALSE 分别表示网络为有向图还是无向图，默认为有向图。
2. graph_from_data_frame(d, directed = TRUE, vertices = NULL)：参数 d 表示边序列，格式为数据框；directed 同样表示是否为有向图；vertices 格式为数据框，用于设定节点属性，默认为 NULL，即将数据框 d 的前两列作为边序列，其他列作为边的属性，节点的名称按照边序列来确定。

接下来用上述两个函数分别实现空手道俱乐部网络（Karate Club Network）的构建，使用的数据为 karate 数据集。空手道俱乐部网络共包含 34 个节点和 78 条连边，每个节点表示俱乐部中的一个成员，而边表示成员之间的友谊关系。karate 数据集共 2 列、78 行，其中每个序号代表该网络中的一个成员，每一行代表两个成员之间存在友谊关系。代码如下。

```
# 导入空手道俱乐部边数据
data = read.table("karate.txt", head = FALSE)
# 设置随机种子
set.seed(42)
# 将画布分成一行两列
par(mfrow = c(1,2))
# 创建无向网络
g1 = graph_from_edgelist(as.matrix(data), directed = FALSE)
# 查看网络
g1
## IGRAPH 7af6a2d U--- 34 78 --
## + edges from 7af6a2d:
## [1]  1—2  1—3  1—4  1—5  1—6  1—7  1—8  1—9  1—11  1—12
## [11] 1—13  1—14  1—18  1—20  1—22  1—32  2—3  2—4  2—8  2—14
## [21] 2—18  2—20  2—22  2—31  3—4  3—8  3—9  3—10  3—14  3—28
## [31] 3—29  3—33  4—8  4—13  4—14  5—7  5—11  6—7  6—11  6—17
## [41] 7—17  9—31  9—33  9—34 10—34 14—34 15—33 15—34 16—33 16—34
## [51] 19—33 19—34 20—34 21—33 21—34 23—33 23—34 24—26 24—28 24—30
## [61] 24—33 24—34 25—26 25—28 25—32 26—32 27—30 27—34 28—34 29—32
## [71] 29—34 30—33 30—34 31—33 31—34 32—33 32—34 33—34
```

```
# 绘制网络结构图
plot(g1, main = "无向网络图")
# 创建有向网络
g2 = graph_from_data_frame(data, directed = TRUE)
# 查看网络
g2
## IGRAPH 7af8eae DN—34 78 --
## + attr: name (v/c)
## + edges from 7af8eae (vertex names):
##  [1] 2 ->1  3 ->1  4 ->1  5 ->1  6 ->1  7 ->1  8 ->1  9 ->1  11->1  12->1
## [11] 13->1  14->1  18->1  20->1  22->1  32->1  3 ->2  4 ->2  8 ->2  14->2
## [21] 18->2  20->2  22->2  31->2  4 ->3  8 ->3  9 ->3  10->3  14->3  28->3
## [31] 29->3  33->3  8 ->4  13->4  14->4  7 ->5  11->5  7 ->6  11->6  17->6
## [41] 17->7  31->9  33->9  34->9  34->10 34->14 33->15 34->15 33->16 34->16
## [51] 33->19 34->19 34->20 33->21 34->21 33->23 34->23 26->24 28->24 30->24
## [61] 33->24 34->24 26->25 28->25 32->25 32->26 30->27 34->27 34->28 32->29
## [71] 34->29 33->30 34->30 33->31 34->31 33->32 34->32 34->33
# 绘制网络结构图
plot(g2, main = "有向网络图")
```

绘制出的网络结构图如图 2-22 所示。

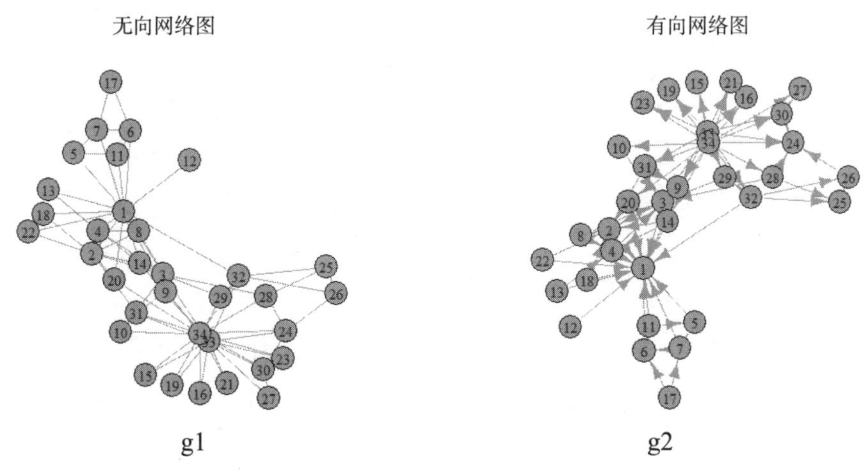


图2-22　绘制出的空手道俱乐部网络图

对比 g1 和 g2 的网络结构可知，二者节点数和连边数相同，唯一的差异是连边是否由箭头表示，这就是 directed 参数作用的结果。网络结构图中也可以清晰地看到有向网络中连边由一个节点指向另一个节点。注意，空手道俱乐部网络是一个无向网络，为了体现有向网络的创建方法，才将 g2 设置为有向网络。

我们在前文介绍了邻接矩阵的概念。R 语言中把网络结构数据转换成邻接矩阵的函数为 as_adjacency_matrix(graph, type, attr, edges, names, sparse)。其中，graph 为要转换的网络；type 只作用于无向网络，用于设置邻接矩阵是上三角矩阵、下三角矩阵还是都显示；attr 若为 NULL，则返回传统的邻接矩阵，若不为 NULL，则给定边属性的值会被包含在邻接矩阵中；edges、names、sparse 则为三个逻辑标量，分别设定是否返回连边序号、是否指定行名和列名（如果节点属性有名称）和是否创建稀疏矩阵（在矩阵中，若数值为 0 的元素数目远远多于非 0 元素的数目，并且非 0 元素分布没有规律，则称该矩阵为稀疏矩阵）。

接下来新建一个网络并将其转换为邻接矩阵，代码如下。

```
# 创建边数据
a = data.frame(1:10, c(2,3,4,7,3,2,1,9,7,6))
# 根据边数据构造网络
g_a = graph_from_data_frame(a, directed = FALSE)
# 将网络转换为邻接矩阵
adj = as_adjacency_matrix(g_a, sparse = FALSE)
# 输出邻接矩阵
print(adj)
##    1 2 3 4 5 6 7 8 9 10
## 1  0 1 0 0 0 0 1 0 0 0
## 2  1 0 1 0 0 1 0 0 0 0
## 3  0 1 0 1 1 0 0 0 0 0
## 4  0 0 1 0 0 0 1 0 0 0
## 5  0 0 1 0 0 0 0 0 0 0
## 6  0 1 0 0 0 0 0 0 0 1
## 7  1 0 0 1 0 0 0 0 1 0
## 8  0 0 0 0 0 0 0 0 1 0
## 9  0 0 0 0 0 0 1 1 0 0
## 10 0 0 0 0 0 1 0 0 0 0
```

在 R 语言中也可以根据邻接矩阵创建网络，常用函数为 graph_from_adjacency_matrix (adjmatrix, mode, weighted, diag, add.colnames, add.rownames)，其中，adjmatrix 为邻接矩阵；mode 表示理解邻接矩阵的方式（如有向无向、上三角下三角等，具体可看函数 help 文件）；weighted 表示是否构建加权网络；diag 设置是否计算对角线元素；add.colnames 和 add.rownames 分别表示是否设置列名和行名。

使用此函数绘制网络结构图的代码如下。

```
# 设置随机种子
set.seed(42)
# 将画布分成一行两列
par(mfrow = c(1,2))
# 构建网络，默认为有向网络
g3 = graph_from_adjacency_matrix(adj)
# 查看网络
g3
## IGRAPH 7b0dce4 DN—10 20 --
## + attr: name (v/c)
## + edges from 7b0dce4 (vertex names):
## [1] 1 ->2 1 ->7 2 ->1 2 ->3 2 ->6 3 ->2 3 ->4 3 ->5 4 ->3 4 ->7
## [11] 5 ->3 6 ->2 6 ->10 7 ->1 7 ->4 7 ->9 8 ->9 9 ->7 9 ->8 10->6
# 绘制网络结构图
plot(g3, main = '有向网络图')
# 构建无向网络
g4 = graph_from_adjacency_matrix(adj, mode = 'undirected')
# 查看网络
g4
## IGRAPH 7b0f2ca UN—10 10 --
## + attr: name (v/c)
## + edges from 7b0f2ca (vertex names):
## [1] 1—2 1—7 2—3 2—6 3—4 3—5 4—7 6—10 7—9 8—9
# 绘制网络结构图
plot(g4, main = '无向网络图')
```

绘制出的网络结构图如图 2-23 所示。

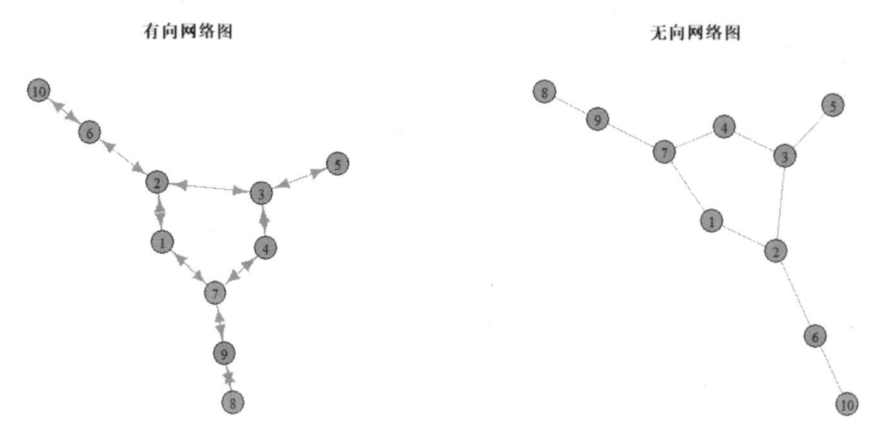


图2-23　绘制出的网络结构图

最后，我们将这部分代码所涉及的常用函数总结在表 2-1 中供读者参考。

表2-1　创建网络的常用函数及介绍

| 常用函数 | 介绍 |
|---|---|
| make_empty_graph() | 创建空网络 |
| add_vertices() | 添加网络节点 |
| add_edges() | 添加网络连边 |
| graph_from_edgelist() | 从边数据创建网络，函数中边数据必须以列数为2的矩阵格式输入 |
| graph_from_data_frame() | 从边数据创建网络，注意此函数中边数据必须以数据框格式输入，将数据框的前两列作为边序列，其他列作为边的属性 |
| graph_from_adjacency_matrix() | 从邻接矩阵创建网络 |

## 2.7　本章小结

本章帮助读者入门网络结构数据。网络结构数据特殊在节点之间存在联系，因此需要发展新的统计分析方法。网络结构数据可以简单分类为 0-1 网络、加权网络、符号网络、双模网络，以及动态网络等。在实际应用中，社交网络、合作者网络、引文网络、通信网络、贸易网络等受到了广泛关注。本章总结了出现在本章的网络，以及相应的节点和连边的含义。数学上，常用邻接矩阵表达网络结构数据。利用 R 语言可以绘制网络结构图进行可视化。最后，本章给出了一些代码示例，方便读者尽快熟悉 igraph 包。

本章给出的网络结构数据例子如表 2-2 所示。

**表2-2　本章给出的网络结构数据例子**

| 网络 | 节点 | 连边 |
|---|---|---|
| 合作者网络 | 学者 | 合作关系 |
| 引文网络 | 论文 | 引用关系 |
| 蛋白质网络 | 蛋白质 | 相互作用关系 |
| 公司董事网络 | 董事和公司 | 隶属关系 |
| 通信网络 | 微信用户 | 好友关系 |
| 人际关系网络 | 学生 | 朋友关系 |
| 贸易网络 | 国家或地区 | 进出口关系 |
| 疾病传播网络 | 个体 | 人与人之间的近距离物理接触 |
| 公司资本连锁网络 | 公司 | 资本连锁关系 |

# 第3章 CHAPTER 3

## 网络结构数据的可视化

网络结构数据可以由邻接矩阵表达，但是，很难通过邻接矩阵直观地观察网络的具体样貌及特征。因此，需要对网络结构数据进行可视化展示。在 R 语言中，可以借助 igraph 包对网络结构数据进行展示。调用 igraph 包中的 plot() 命令，即可绘制网络结构的可视化图。除此之外，igraph 包提供了诸多绘图参数，可以通过调整不同参数生成丰富的网络图像。本章将具体讲解如何使用 igraph 包设置网络布局方式、美化网络结构图，并且讨论如何应对大规模数据带来的可视化挑战。

# 3.1 布局方式

对网络结构数据进行可视化的核心是网络结构图的布局方式。布局方式是指节点和连边在画布中的排列方式。同样的数据，采用不同布局方式，会呈现不同的可视化效果。因此，在绘制网络结构图的时候，要考虑到连边和节点的位置给绘图效果带来的影响。绘制网络结构图采用何种布局，主要取决于网络的种类、特征及研究目的。表 3-1 列举了常用的布局方式及简要介绍。

本小节仍以空手道俱乐部数据集作为示例。该数据集包含 35 名空手道俱乐部成员的对战记录。节点代表成员，两名成员进行一次对战则会产生一条连边，连边的权重代表两名成员的对战次数。利用 R 语言分别绘制不同布局方式的网络结构图，会呈现不同的特点。在 R 语言中，通过更改 plot() 函数的“layout”参数，可以绘制不同布局的网络结构图。表 3-2 展示了常用布局方式对应的 R 语言函数。

表3-1　常用布局方式及介绍

| 布局方式 | 介绍 |
|---|---|
| 随机布局 | 将节点和连边完全随机放置 |
| 环形布局 | 将节点等距放置在一个环上 |
| 星形布局 | 将一个节点放置在圆的中心，其余顶点等距放置在圆周上 |
| 球形布局 | 将节点大致均匀地放置在球体上 |
| 树形布局 | 适用于树状结构的图，依照根节点，将节点按照树状排列放置 |
| 力导向布局 | 基于算法的布局方式，旨在使得连边的交叉尽量减少。Fruchterman Reingold算法与Kamada Kawai算法是最常用的力导向布局算法 |

表3-2　常用布局方式及函数

| 布局方式 | 函数 |
|---|---|
| 随机布局 | layout.random |
| 环形布局 | layout.circle |
| 星形布局 | layout.star |
| 球形布局 | layout.sphere |
| 树形布局 | layout_as_tree |
| 力导向布局 | layout.fruchterman.reingold（Fruchterman Reingold算法）<br>layout.kamada.kawai（Kamada Kawai算法） |

绘图时，首先加载 igraphdata 包，利用 data("karate") 函数导入空手道俱乐部成员对战网络数据。由于导入的网络数据中包含节点的颜色，为了更直观地展示布局方式，本小节不设置节点颜色。关于节点颜色等参数的设置，将在下一小节进行介绍。

代码如下。

```
# 设置随机种子
set.seed(42)
# 导入 karate 数据
data( " karate " )
g = karate
# 不设置节点颜色
V(g)$color = 1
```

利用 plot() 函数绘制网络结构图，并设置“layout”参数为“layout.random”，绘制随机布局的网络结构图。随机布局是最为基础的布局方式，但因其随机排布节点，可能导致部分节点重叠，并且连边有很多交叉，布局较为杂乱。因此，随机布局绘制的网络结构图可以作为对网络结构的初步观察，很多时候并不能很好地展现网络结构。绘制随机布局网络结构图的代码如下。

```
# 设置随机种子
set.seed(42)
# 随机布局
plot(g, layout = layout.random)
```

绘制出的随机布局网络结构图如图 3-1 所示。

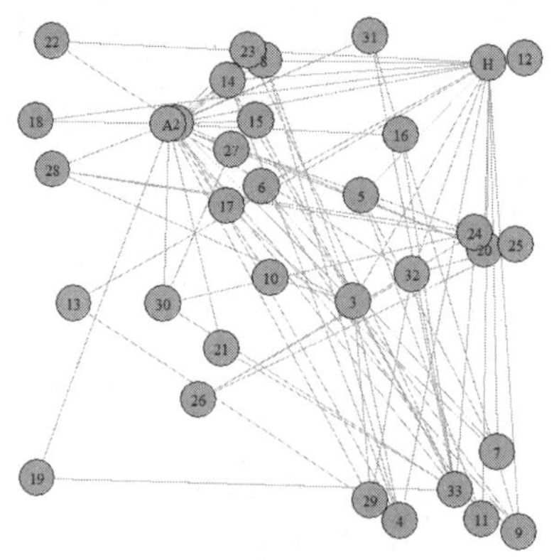

图3-1　随机布局网络结构图

环形布局与星形布局比较相似，都是将节点等距分布在圆周上，区别是星形布局会将一个节点放在圆心位置。这两种布局方式比较容易看出节点连边的数量分布，因此该布局方式侧重于展示每一个节点的连边分布情况，也就是节点度的分布情况。如果在网络中有重要的、需要突出显示的节点，则可以采用星形布局；如果没有，则可以使用环形布局。在 R 语言中，利用 plot() 函数并分别设置“layout”参数为“layout.circle”和“layout.star”，可以绘制环形布局和星形布局的网络结构图，如图 3-2 所示。采用星形布局时，如果没有设置中心节点，则默认网络中的第一个节点为中心节点。

绘制网络结构图的代码如下。

```
# 设置随机种子
set.seed(42)
# 设置画布
par(mfrow = c(1, 2))
# 环形布局
plot(g, layout = layout.circle)
# 星形布局
plot(g, layout = layout.star)
```

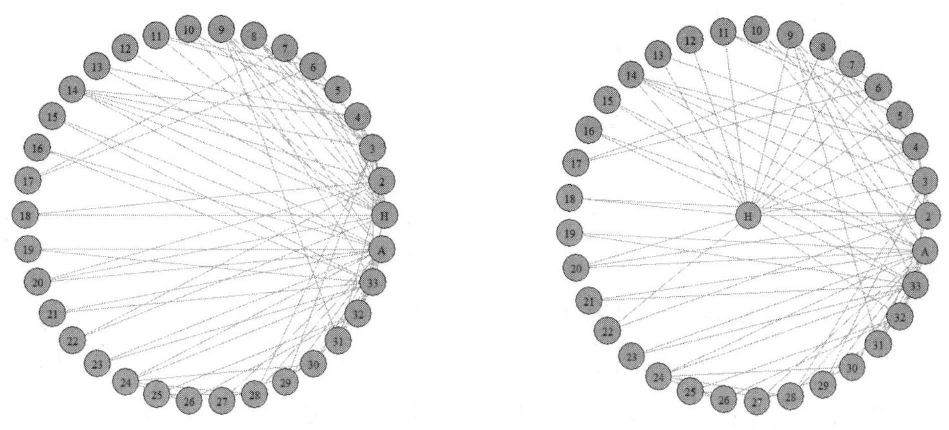

图3-2　环形布局网络结构图（左）和星形布局网络结构图（右）

球形布局将节点大致均匀地放置在球体上，能够较为清晰地展现每一个节点的连边关系，是最为常用的布局方式之一。该布局方式侧重于展示每一个节点与其他节点的联系。在 R 语言中可以通过设置“layout”参数为“layout. sphere”绘制球形布局网络结构图。值得注意的是，在节点较多时，球形布局难免会出现节点与节点重叠的情况，此时可以手动调整某些节点在画布中的位置，这里不再赘述。

绘制球形布局网络结构图的代码如下。

```
# 设置随机种子
set.seed(42)
# 设置画布
par(mfrow = c(1, 1))
# 球形布局
plot(g, layout = layout.sphere)
```

绘制出的球形布局网络结构图如图 3-3 所示。

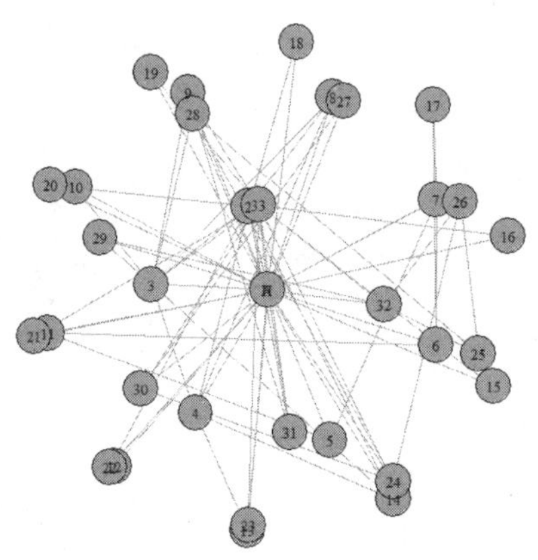

图3-3　球形布局网络结构图

树形布局往往用于具有树状结构的网络。利用给定的根节点，以树状结构对节点进行排列。默认树是向下的，将父节点居中放置在子节点上方。如果给定的网络不是树状结构，则首先执行广度优先搜索以获得可能的生成树，再对节点进行排列。树状结构除了自上而下的排列方式，还有圆形排列方式和自下而上的排列方式。树状结构最常见的应用场景就是代际关系网络。某家族代际关系网络结构示意图如图 3-4 所示。节点 1 为父节点，节点 2、节点 3 和节点 4 为节点 1 的子节点，节点 5、节点 6 和节点 7 为节点 2 的子节点。以节点 5 为切入点，节点 14 和节点 15 是节点 5 的“子女”，节点 2 是节点 5 的“父亲”，节点 1 是节点 5 的“爷爷”。

绘制树状布局的网络结构图代码如下。

```
# 设置随机种子
set.seed(42)
# 设置画布
par(mfrow = c(1, 2))
# 生成树
```

```
g_tree = make_tree(15, 3)
# 树形布局
plot(g_tree, layout = layout_as_tree)
# 树形布局 圆形排列
plot(g_tree, layout = layout_as_tree(g_tree, circular = TRUE))
```

绘制出的结果如图 3-4 所示。

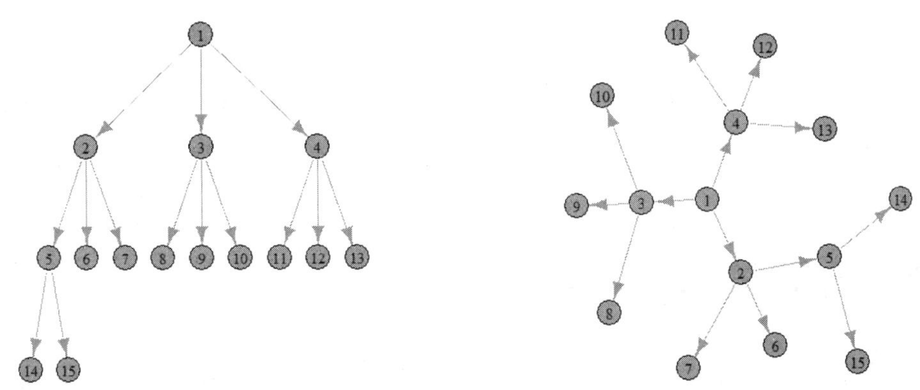

图3-4　树形布局网络结构图（左）和树形布局圆形排列网络结构图（右）

力导向布局是一种基于算法的布局方式。这种方式将节点看作互相之间存在引力和斥力的电荷，通过一定的时间模拟，寻找一个达到稳定平衡的力学结构时的节点布局。由于算法本身致力于尽量减少连边的交叉，因此力导向布局下的网络结构图整体上较为整洁，并且比较容易看出节点之间的亲疏关系。连接较为紧密的节点会聚集在一起，形成一定的簇，也就是社区结构。关于网络社区发现的问题，将在第六章进行介绍。在 R 语言中，可以分别通过设置“layout”参数为“layout.fruchterman.reingold”和“layout.kamada.kawai”绘制网络结构图，结果如图 3-5 所示。

绘制代码如下。

```
# 设置随机种子
set.seed(42)
# 设置画布
par(mfrow = c(1, 2))
# 力导向布局 Fruchterman Reingold 算法
plot(g, layout = layout.fruchterman.reingold)
# 力导向布局 Kamada Kawai 算法
plot(g, layout = layout.kamada.kawai)
```

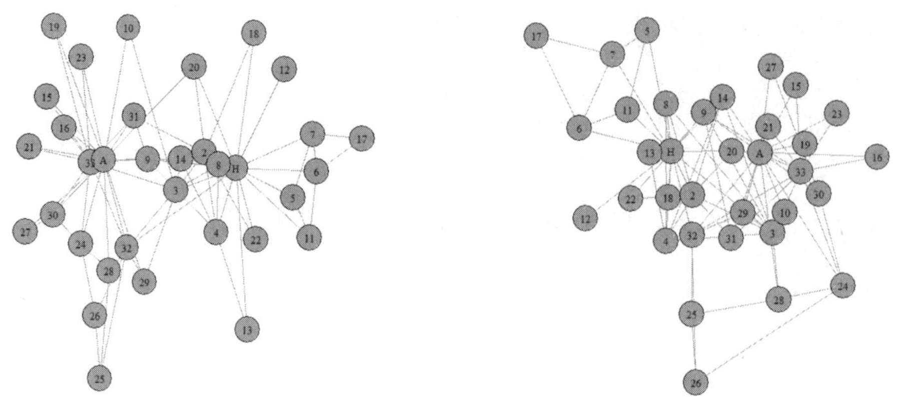

图3-5　力导向布局Fruchterman Reingold算法（左）和Kamada Kawai算法（右）

## 3.2　装饰网络结构图

在对网络结构数据进行可视化的过程中，节点的相对位置及它们之间的连边的位置可以通过布局方式进行调整。除此之外，如果有其他可用的信息（如节点的属性），可以通过改变节点和边的大小、形状和颜色等特征一并展示在网络图形中，也就是对网络结构图进行装饰。在R语言中，常使用 V(G) 或 vertex.xxx 来获取或设置节点属性；使用 E(G) 或 edge.xxx 来获取或设置连边属性，其中 G 是网络。部分常用的绘图参数如表 3-3 所示，更加详细的绘图参数见附表 1。下面结合空手道数据集来具体说明表 3-3 中参数的具体用法。

表3–3　常用绘图参数

| 类型 | 参数 | 简要介绍 |
| --- | --- | --- |
| 节点参数 | vertex.size | 节点大小，默认为15 |
| | vertex.color | 节点填充颜色 |
| | vertex.frame.color | 节点边框颜色 |
| | vertex.shape | 节点形状，可用参数为“circle”：圆形；“square”：正方形；“none”：不绘制节点 |
| | vertex.label | 节点标签，默认的节点标签是节点ID |
| | vertex.label.cex | 节点标签的字体大小 |
| | vertex.label.dist | 节点标签到节点中心的距离 |
| | vertex.label.color | 节点标签颜色，默认为黑色 |

续表

| 类型 | 参数 | 简要介绍 |
|---|---|---|
| 连边参数 | edge.color | 连边颜色，默认为深灰色 |
| | edge.width | 连边宽度，默认为1 |
| | edge.arrow.size | 连边箭头大小，默认为1 |
| | edge.arrow.width | 连边箭头宽度，默认为1 |
| | edge.lty | 连边类型，“0”：没有连边；“1”：实线；“2”：虚线 |
| | edge.label | 连边标签 |
| | edge.label.cex | 连边标签的字体大小 |
| | edge.label.color | 连边标签颜色 |
| 其他参数 | layout | 布局参数 |

## 3.2.1 vertex.xxx和edge.xxx基础参数设置

首先借助节点参数 vertex.xxx，分别设置节点大小、节点形状（圆形）、节点颜色（金色）、节点标签、节点标签大小等。然后通过 vertex.label.dist 参数设置节点和标签的距离，避免重叠。最后，借助 edge.xxx 参数，设置连边颜色、连边宽度、连边标签大小及连边权重，此处直接使用数据集中的权重作为连边的权重。需要特别注意的是，参数 edge.arrow.size 在有向图中可以用来设置连边的箭头的大小，如果设置为 0 则为无向图。装饰后的效果图如图 3-6 所示。

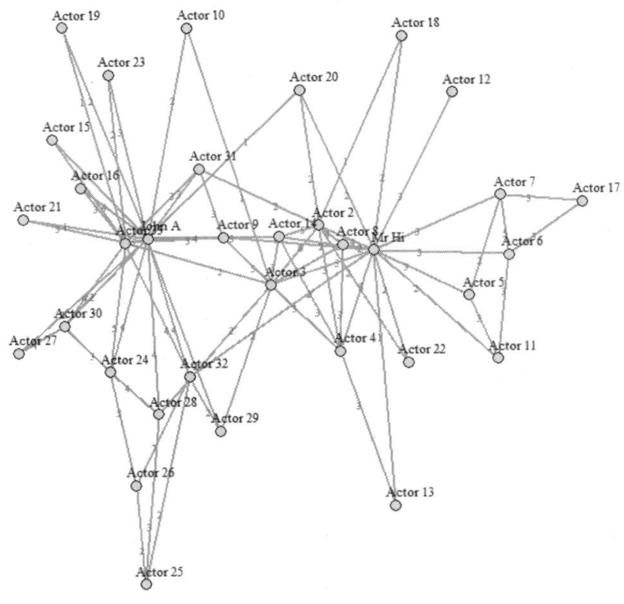


图3-6　利用vertex.xxx和edge.xxx基础参数装饰网络结构图

装饰网络结构图的代码如下。

```
# 用 vertex.xxx 和 edge.xxx 参数设置节点和连边属性
# 设置随机种子
set.seed(42)
# 导入数据
data("karate")
plot(karate,
    # 力导向布局
    layout = layout.fruchterman.reingold,
    # 设置节点大小
    vertex.size = 4,
    # 设置节点形状
    vertex.shape = 'circle',
    # 设置节点颜色
    vertex.color = 'gold',
    # 设置节点标签
    vertex.label = V(karate)$name,
    # 设置节点标签大小
    vertex.label.cex = 0.8,
    # 设置节点和标签的距离，避免重叠
    vertex.label.dist = 1,
    # 设置节点标签颜色
    vertex.label.color = 'grey2',
    # 有向图中设置连边的箭头的大小，若为 0 即为无向图
    edge.arrow.size = 0,
    # 设置连边颜色
    edge.color = "darkgray",
    # 设置连边的粗细
    edge.width = 2,
    # 设置连边的权重，此处直接使用数据集中的权重作为连边的权重
    edge.label = E(karate)$weight,
```

```
    # 设置连边标签大小
    edge.label.cex = 0.6,
    # 设置连边标签颜色
    edge.label.color = 'red')
```

### 3.2.2 vertex.xxx和edge.xxx进阶参数设置

除了设置基础参数，还可以利用 vertex.xxx 和 edge.xxx 参数，根据节点特征（如节点的度、属性等）绘制不同大小、不同颜色的节点，或根据连边特征（如连边的权重、属性等）绘制不同颜色、不同粗细的连边，以反映连边性质的差异。空手道数据集包含节点属性阵营，节点被分为了两个阵营。利用节点属性阵营及连边的权重绘制该网络的网络结构图，结果如图 3-7 所示，节点分为两种颜色，其中浅色代表阵容 1，深色代表阵容 2，且节点的大小与节点度成正比，边宽与连边的权重成正比。

```
# 设置随机种子
set.seed(42)
# 导入数据
data("karate")
# 设置颜色
color_grey <- c('grey85','grey60')
plot(karate,
    # 连边的粗细反映权重
    edge.width = E(karate)$weight,
    # 设置节点标签颜色为黑色
    vertex.label.color = 'black',
    # 设置节点标签大小
    vertex.label.cex = 1,
    # 节点大小反映节点的度的大小
    vertex.size = degree(karate),
    # 设置节点的颜色反映节点的阵营
    vertex.color = color_grey[V(karate)$Faction])
```

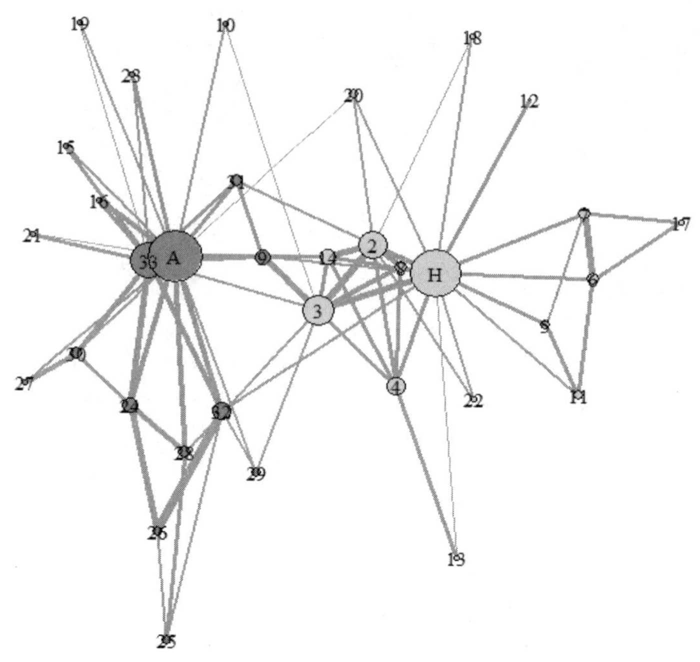


图3-7　利用vertex.xxx和edge.xxx进阶参数装饰网络结构图

### 3.2.3 用V(G)和E(G)设置节点和连边的属性

在节点数和连边数较多时，展示所有节点和连边属性可能会使网络结构图显得杂乱无章，此时可以根据实际情况选择展示部分重要节点、连边的信息。利用 V(G) 和 E(G) 来单独设置度较大的节点和权重较大的边，使网络图提供更多有效信息。如本例中，可以明显看出度最大的节点为 A，连边的权重最大为 7，对应的节点编号为 26 和 32，即 26 号与 32 号进行了 7 次对战。

利用 V(G) 和 E(G) 设置节点和连边属性的代码如下。

```
# 用 V(G) 和 E(G) 设置节点和连边的属性
# 设置随机种子
set.seed(42)
# 设置节点大小
V(karate)$size = 5
# 设置节点颜色
V(karate)$color = 'gold'
# 设置节点形状
V(karate)$shape = 'circle'
# 设置节点标签大小
```

```
V(karate)$label.cex = 0.8
# 设置节点与标签的距离
V(karate)$label.dist = 1
# 设置节点标签的颜色
V(karate)$label.color = 'grey2'
# 设置度最大的节点的颜色为蓝色
V(karate)[which.max(degree(karate))[[1]]]$color = "blue"
# 设置度最大的节点的标签颜色为蓝色
V(karate)[which.max(degree(karate))[[1]]]$label.color = "blue"
# 设置连边的类型, 2 表示虚线
E(karate)$lty = 2
# 设置连边的权重标签大小
E(karate)$label.cex = 0.6
# 设置连边颜色
E(karate)$color = "grey"
# 设置权重最大的连边的线为实线
E(karate)[E(karate)$weight == max(E(karate)$weight)]$lty = 1
# 设置权重最大的连边的颜色为深灰色
E(karate)[E(karate)$weight == max(E(karate)$weight)]$color = "grey3"
# 添加权重最大的 3 条连边的标签
E(karate)[order(E(karate)$weight, decreasing = T)[1:3]]$label = E(karate)
[order(E(karate)$weight, decreasing = T)[1:3]]$weight
# 设置连边标签颜色
E(karate)$label.color = 'red'
# 绘制网络结构图, 图布局选取力导向布局
plot(karate, layout = layout.fruchterman.reingold)
```

绘制出的网络结构图如图 3-8 所示。

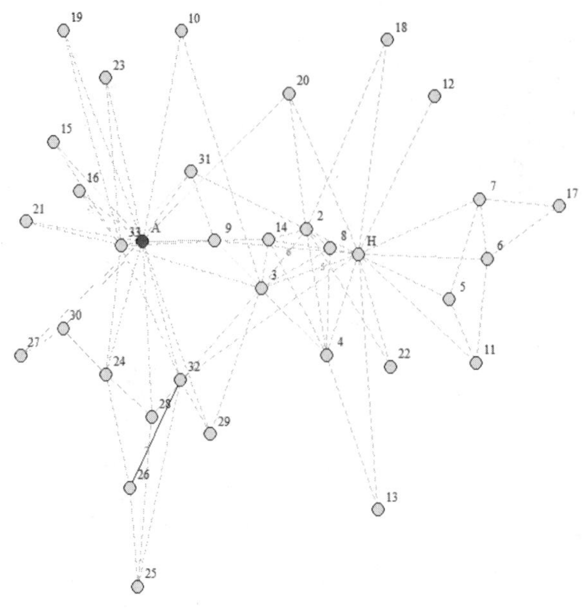


图3-8　利用V(G)和E(G)参数装饰网络结构图

除此之外，读者可以根据数据的实际情况，灵活地设置参数对网络结构图进行装饰美化。

## 3.3　大规模网络的可视化

在之前的例子中，网络中的节点数都在 100 个以下，对于数千、数万或更多节点来说，网络结构图看起来会越来越混乱，这是因为画布空间和分辨率有限，无法清晰展示出所有节点和连边。本节主要为大家介绍如何对大规模网络进行可视化。

### 3.3.1 提取核心子图，将复杂网络简单化

许多大规模网络都具有核心—边缘结构，该结构是一种中心紧密相连，外围稀疏分散的特殊结构，一大特点是处于核心区域的节点连接紧密，处于边缘区域的节点仅与各自相连的某些核心节点保持紧密联系，而外围节点彼此之间联系稀疏。这里我们介绍 Wang and Rohe（2016）提出的提取 $c$ 核心网络的思路：删除网络中连边的权重之和小于 $c$ 的节点，并不断循环直至网络中的节点不再变化。$c$ 的取值越大，则提取出的核心网络中的节点个数就越少。该方法同时适用于无向网络和有向网络。针对有向网络，删除的是出度与入度之和小于 $c$ 的节点。图 3-9 是提取核心子图的示意图，从原始网络出发，不断删除节点，最终保留网络中的核心部分（黑色节点）。

从图中也可以看出网络的核心—边缘结构，浅灰色节点处于边缘位置，深灰色节点次之，黑色节点位于网络核心位置。提取核心子图进行可视化处理能够更加清晰地展示网络中的重要信息。

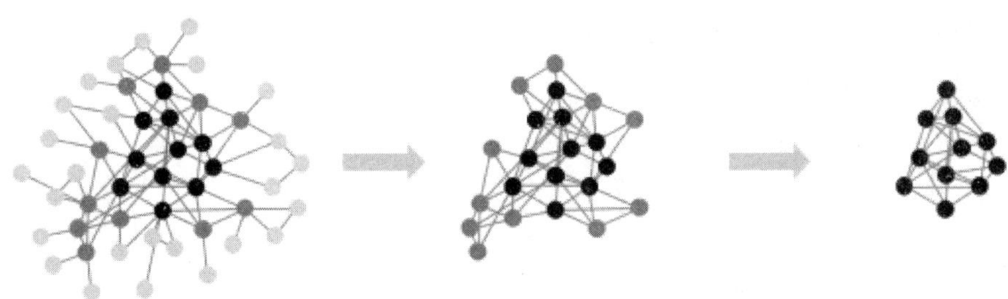

图3-9　提取核心子图过程示意

此处以统计学科合作者网络为例进行说明。原始网络有 4 925 个节点，10 191 条连边。节点代表作者，这里不考虑连边的权重。如图 3-10（左）所示，若直接对原始网络进行可视化展示，会由于节点过多产生重叠现象，十分杂乱。此时可以考虑提取网络的 $c$ 核心子图。提取统计学科合作者网络的 6 核心子图，得到具有 198 个节点、778 个连边的 6 核心网络。对该子图进行可视化处理，如图 3-10（右）所示，提取核心子图后，删除了一部分“边缘”节点，网络结构更加简洁、清晰。在数以千计乃至更大规模的网络中，提取核心子图显得尤为重要。可以根据实际需求选择 $c$ 的取值，$c$ 越大，提取出来的网络越小，越“核心”。同时我们发现，提取的 $c$ 核心网络展现出一定的社区结构，这将在后面的章节进行分析。

图3-10　统计学科合作者原始网络（左），统计学科合作者网络6核心子图（右）

绘制统计学科合作者网络 6 核心子图的代码如下。

```
# 设置画布
par(mfrow = c(1, 2))
```

```
# 设置随机种子
set.seed(42)
# 读取边数据
largest_edge = read.csv('edge_largest.csv')
# 由边数据构造无向网络
g = graph_from_data_frame(largest_edge, directed = FALSE)
# 计算网络的节点数
print(paste0('原始网络的节点数为: ', vcount(g)))
## [1] "原始网络的节点数为: 4925"
# 计算网络的连边数
print(paste0('原始网络的边数为: ', ecount(g)))
## [1] "原始网络的连边数为: 10191"
# 不显示标签
V(g)$label = ""
plot(g,
    # 设置节点大小
    vertex.size = 5,
    # 设置节点颜色
    vertex.color = 'lightsteelblue2',
    # 设置节点边框颜色
    vertex.frame.color = 'skyblue4',
    # 不显示节点标签
    vertex.label = V(g)$label,
    # 力导向布局
    layout = layout.fruchterman.reingold)
# 获得邻接矩阵
W = as_adjacency_matrix(g)
# 将"dgCMatrix"类型转化为"matrix"类型
W = as.matrix(W)
# 提取核心网络
converg = FALSE
old.nrow = nrow(W)
```

```
while(!converg){
  # 计算 W 矩阵的列和
  d = colSums(W)
  to.keep = which(d >= 6)
  # 保留列和大于等于 6 的列
  if(old.nrow == length(to.keep)){
    converg = TRUE
  }
  old.nrow = length(to.keep)
  W = W[to.keep,to.keep]
}
g_core = graph_from_adjacency_matrix(W, mode = "undirected")
# 计算核心网络的节点数
print(paste0('核心网络的节点数为: ', vcount(g_core)))
## [1] "核心网络的节点数为: 198"
# 计算核心网络的连边数
print(paste0('核心网络的连边数为: ', ecount(g_core)))
## [1] "核心网络的连边数为: 778"
# 不显示标签
V(g_core)$label = ""
# 绘图
plot(g_core,
     # 设置节点大小
     vertex.size = 5,
     # 设置节点颜色
     vertex.color = 'lightsteelblue2',
     # 设置节点边框颜色
     vertex.frame.color = 'skyblue4',
     # 不显示节点标签
     vertex.label = V(g_core)$label,
     # 力导向布局
     layout = layout.fruchterman.reingold)
```

## 3.3.2 提取节点邻域，绘制网络子图

突出给定节点的局部结构是针对大型网络进行可视化的重要方法。例如，在社交网络研究中常用的自我中心网络，显示了某个给定节点、该给定节点的邻居及它们之间的所有连边。在 R 语言中可以通过 graph.neighborhood(g, order=n) 函数提取网络中节点的邻域，其中 g 参数为网络结构图，order 参数为提取 *n* 阶邻域。这里再次以统计学科合作者网络为例。提取每个节点周围的（一阶）邻域构成的子图。图 3-11 展示了节点 A18738-0 的 1 阶邻域网络及节点 A17905-1 的 1 阶邻域网络。以右图为例，可以看出节点 A17905-1 处于三个不同的研究群体中，它与三个群体中的节点均直接相连，但是三个不同群体间的节点互不相连。

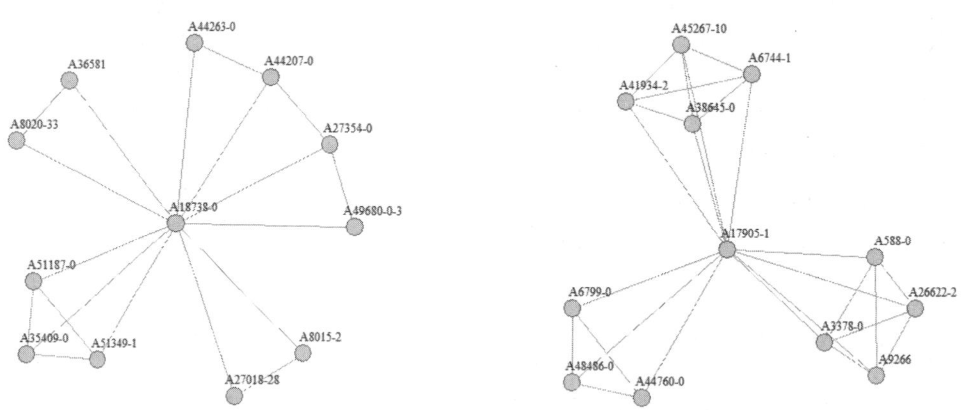


图3-11　节点A18738-0的1阶邻域网络（左）、节点A17905-1的1阶邻域网络（右）

绘图代码如下。

```
# 设置随机种子
set.seed(42)
# 读取边数据
largest_edge = read.csv('edge_largest.csv')
# 由边数据构造无向网络
g = graph_from_data_frame(largest_edge, directed = FALSE)
# 提取节点邻域
gn = graph.neighborhood(g, order = 1)
# 展示前 20 个节点邻域的子图节点个数
sapply(gn, vcount)[1:20]
## [1] 18 3 7 5 3 3 4 3 4 9 2 2 9 4 2 2 7 3 5 11
```

```
par(mfrow = c(1,2))
# 绘制节点 A18738-0 的 1 阶邻域子图
plot(gn[[which(V(g)$name == "A18738-0")]]
    # 设置节点大小
    vertex.size = 10,
    # 设置节点颜色
    vertex.color = 'lightsteelblue2',
    # 设置节点边框颜色
    vertex.frame.color = 'skyblue4',
    # 设置节点标签大小
    vertex.label.cex = 0.8,
    # 设置节点和标签的距离，便于避免重叠
    vertex.label.dist = 2,
    # 力导向布局
    layout = layout.fruchterman.reingold)
# 绘制节点 A17905-1 的 1 阶邻域子图
plot(gn[[which(V(g)$name == "A17905-1")]]
    # 设置节点大小
    vertex.size = 10,
    # 设置节点颜色
    vertex.color = 'lightsteelblue2',
    # 设置节点边框颜色
    vertex.frame.color = 'skyblue4',
    # 设置节点标签大小
    vertex.label.cex = 0.8,
    # 设置节点和标签的距离，便于避免重叠
    vertex.label.dist = 2,
    # 力导向布局
    layout = layout.fruchterman.reingold)
```

### 3.3.3 划分网络社区，展示网络社区结构

一般情况下，网络结构图除了能够展示节点与连边的分布情况，还能够展示网络的社区结构。在本节只着重展示网络社区的可视化过程，如何划分网络社区将在第六章详细讲解。通过为节点打上“社区”属性，可以将相同社区属性的节点绘制在一起，为不同社区的节点设置不同的颜色。读者可以根据节点的颜色和社区的分布大致了解网络结构，而无须过多关注节点和连边的细节。在 R 语言中，利用 cluster_louvain() 函数对核心网络进行社区划分，将统计学科合作者网络的 6 核心子图划分为 22 个社区。图 3-13 展示了统计学科合作者网络 6 核心子图社区结构的网络结构图，绘制该图的代码如下。其中 g_core 为生成的合作者网络的 6 核心子图。

```
# 设置随机种子
set.seed(42)
# 使用 cluster_louvain() 函数对核心网络进行社区划分
com = cluster_louvain(g_core)
# 展示每个社区的大小
table(com$membership)
##
## 1 2 3 4 5 6 7 8 9 10 11 12 13 14 15 16 17 18 19 20 21 22
## 7 7 7 7 7 7 7 7 8 17 7 7 8 10 8 15 7 27 7 7 7 7
# 为节点添加社区属性
V(g_core)$com = com$membership
# 不显示标签
V(g_core)$label = " "
# 绘制
plot(g_core,
    # 力导向布局
    layout = layout.fruchterman.reingold,
    # 设置节点大小
    vertex.size = 7,
    # 设置节点颜色
    vertex.color = com_color[V(g_core)$com],
    # 设置节点边框颜色
    vertex.frame.color = 'grey50')
```

需要说明的是，因为原始网络中节点数量过多，用 R 语言无法很好地呈现网络社区结构。因此这里使用网络绘图软件 Gephi 绘制了原始网络的网络社区结构图。如图 3-12 和图 3-13 所示，从图中可以看出节点之间呈现一定的“社区”结构。社区内部，节点的连接相对紧密，而社区之间的节点连接比较稀疏。

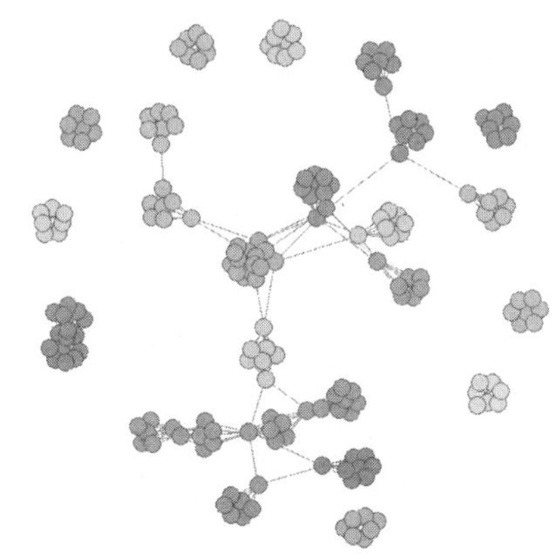

图3-12　统计学科合作者网络6核心子图网络社区结构可视化

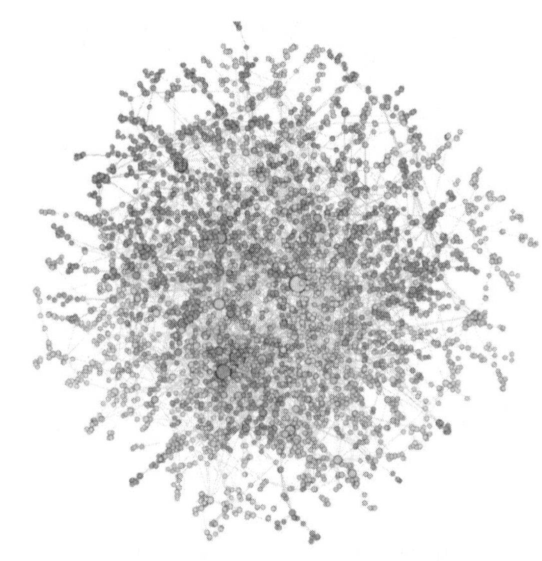

图3-13　统计学科合作者原始网络社区结构可视化（Gephi绘制）

## 3.3.4 简化网络结构，以节点簇（社区）代替节点

针对上述具有一定聚类结构的网络，也就是具有一定社区结构的网络，还可以进一步将同一社区中的节点合并作为一个节点，将社区间的连边作为合并节点的连边，进而达到简化网络的目的。这里以统计学科合作者网络为例，利用如图 3-14 所示的社区结构来简化网络。从图 3-14 可

以看出，网络被简化为仅有 22 个节点的网络，22 个节点分别代表 22 个社区。节点大小代表社区内节点的个数，也就是社区规模。节点越大，说明该社区规模越大。

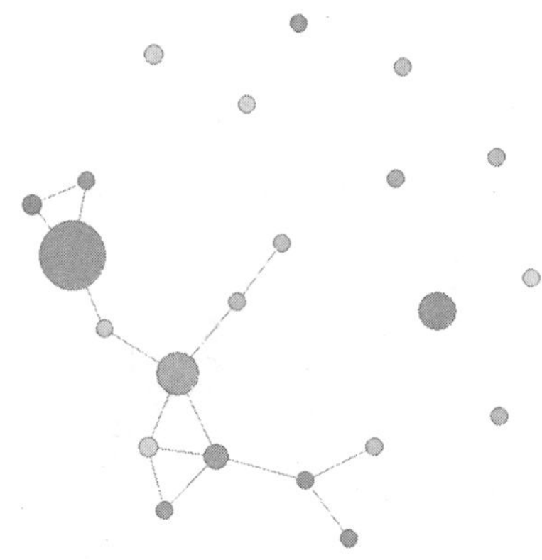

图3-14 统计学科合作者简化网络

简化网络结构图的绘制代码如下。

```
# 设置随机种子
set.seed(42)
# 合并社区节点
gc <- contract(g_core, V(g_core)$com)
# 简化网络
gc <- simplify(gc)
# 不显示标签
V(gc)$label = " "
# 绘图
plot(gc,
    # 设置节点大小
    vertex.size = sapply(V(gc)$name,length),
    # 设置节点颜色
    vertex.color = com_color[V(gc)],
    # 设置节点边框颜色
    vertex.frame.color = 'grey50',
    # 力导向布局
    layout = layout.fruchterman.reingold)
```

这里为了更加清楚地说明简化网络的重要性，利用法国政客博客网络（Kolaczyk and Csárdi, 2014）进行展示。该网络由 192 个节点（博客）和 1 431 条连边构成，当两个博客至少有一个引用了另一个时，两者之间会存在一条连边。此外，各个节点已经按政治派别分类。原始网络和简化网络的区别如图 3-15 所示。从图中可以看出 PS 政治派别规模最大；Commentateurs Analystes 政治派别规模虽小，但是与其他派别之间的互动最为密切。

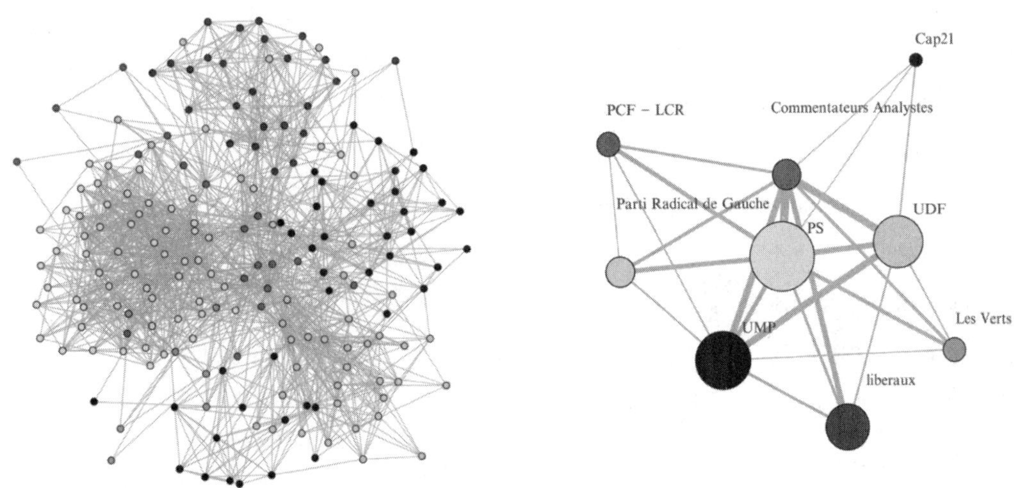


图3-15　原始网络（左）、简化网络（右）

## 3.4 动态交互式网络的可视化

上述网络结构图都是基于 igraph 包绘制的，这一节我们以《冰与火之歌》人物关系网络为例，介绍如何使用 networkD3 包绘制动态交互式网络结构图。该数据来自小说《冰与火之歌》的人物关系网络，是一个无向网络。该网络中包含 107 个人物，即 107 个节点及 352 条连边，如果在小说中两个名字在 15 个单词内同时出现，则这两个人物之间存在一条连边。连边的权重表示小说中两个名字在 15 个单词内出现的次数。使用 networkD3 包中的 igraph_to_networkD3() 函数，可以把 igraph 网络转化为 networkD3 形式的网络，再利用 forceNetwork() 函数绘制动态交互网络结构图。绘制出的网络结构图是可以动态交互的，拖动鼠标到不同节点会展示出该节点的邻居，以及它们之间的连边。单击不同节点还会展示出该节点的大小、标签及所属社区。绘制动态交互网络结构图的代码如下。

```
# 设置随机种子
set.seed(42)
# 加载相应的包，若没有，请先用 install.packages() 命令安装
library(networkD3)
library(igraph)
# 读入数据
ChaData = read.csv("got-edges.csv")
# 由边数据构造无向网络
g = graph_from_data_frame(ChaData, directed = FALSE)
# 使用 cluster_infomap 函数对网络进行社区划分
com = cluster_infomap(g)
# 将网络转换为 networkD3 形式，并为节点添加社区属性
g_D3 = igraph_to_networkD3(g, group = membership(com))
# 为节点添加度属性
g_D3$nodes$Nodesize = degree(g)
# 为连边添加权重
g_D3$links$value = E(g)$Weight
# 指定单击事件
script = 'alert ("name: " + d.name + ", group: " + d.group + ", size: " + d.nodesize)'
# 绘图
network = forceNetwork(# 添加节点
                       Nodes = g_D3$nodes,
                       # 添加连边
                       Links = g_D3$links,
                       # 设置节点大小
                       Nodesize = "Nodesize",
                       # 设置节点标签
                       NodeID = "name",
                       # 设置节点社区
                       Group = "group",
                       # 设置节点的透明度
                       opacity = 0.9,
```

```
                    # 设置标签字体
                    fontFamily = "宋体",
                    # 设置标签字体大小
                    fontSize = 25,
                    # 设置连边颜色
                    linkColour = "grey",
                    # 设置颜色
                    colourScale = JS("d3.scaleOrdinal(d3.schemeCategory20);"),
                    # 设置节点半径计算方式
                    radiusCalculation = "d.nodesize",
                    # 设置单击事件
                    clickAction = script,
                    # 设置是否可以缩放
                    zoom = TRUE)
# 展示动态交互网络
network①
```

绘制出的动态交互网络结构图如图 3-16 所示。

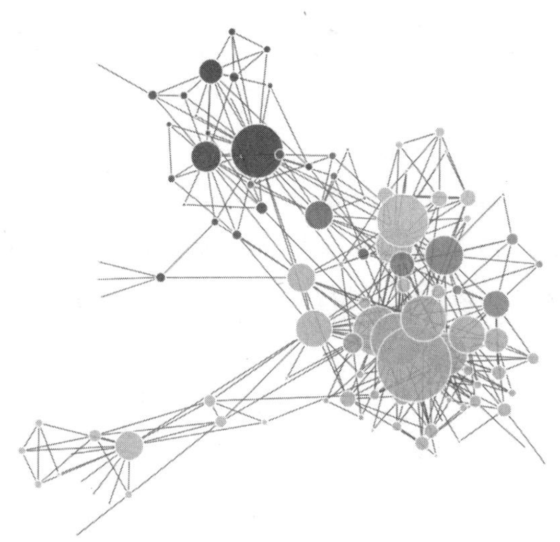

图3-16 《冰与火之歌》人物动态交互网络结构图

① 感谢中央财经大学的李颖和闫欣玉提供的代码示例。

## 3.5 其他的可视化软件

除了使用 R 语言对网络结构数据进行可视化外，我们还可以借助 Gephi 软件、Python 等常见的工具，进行网络结构数据的可视化。

Gephi 是一款开源、免费、跨平台的复杂网络分析软件，主要用于分析各种网络和复杂系统，是信息数据可视化的利器。Gephi 是一种交互式系统，使用者无须编写代码，只需根据教程学习操作方法。使用者可以在“gephi.org”官网下载此软件。Gephi 绘制的网络结构图如图 3-17 所示。

图3-17 Gephi绘制的网络结构图

Python 是一种跨平台的计算机程序设计语言，也是一种面向对象的脚本语言。Python 提供了网络可视化的工具包 networkx 和 igraph。igraph 可以用于创建、操作和研究复杂网络系统；networkx 用于构建和操作复杂的图结构，提供分析图的算法。利用 Python 绘制的网络结构图如图 3-18 所示。

## 3.6 本章小结

本章主要讲解如何对网络进行可视化。对网络结构数据进行可视化的核心是确定网络结构图的布局方式，常用的布局方式有随机布局、球形布局、环形布局、力导向布局等。在可视化的过程中，可以调用多种绘图参数来装饰网络结构图。针对大规模网络，我们可以采用提取核心子图、提取节点邻域、划分网络社区及简化网络结构等方式进行可视化。本章还介绍了如何绘制动态交互式网络结构图，动态交互在书稿中无法展示，读者可以根据代码自行尝试。同时在本章提供的代码文档里面附有更多的可视化示例，因为篇幅所限，不在书稿中展示，读者可以自行下载。

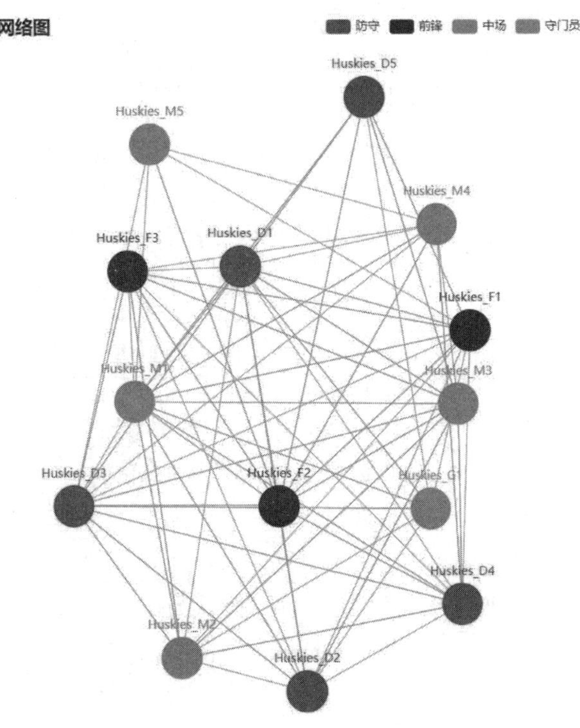


图3-18　Python绘制的网络结构图

附表1 常用绘图参数

| 类型 | 参数 | 简要介绍 |
|---|---|---|
| 节点参数 | vertex.size | 节点大小，默认为15 |
| | vertex.size2 | 节点大小（第二维度），默认为15 |
| | vertex.color | 节点填充颜色 |
| | vertex.frame.color | 节点边框颜色 |
| | vertex.shape | 节点形状，可用参数为“circle”：圆形；“square”：正方形；“rectangle”：长方形；“pie”：饼图；“sphere”：球形；“none”：不绘制节点 |
| | vertex.label | 节点标签，默认的节点标签是节点ID |
| | vertex.label.family | 节点标签字体 |
| | vertex.label.font | 节点字体形状，“1”：纯文本；“2”：粗体；“3”：斜体；“4”：粗体和斜体；“5”：指定符号字体 |
| | vertex.label.cex | 节点标签的字体大小 |
| | vertex.label.dist | 节点标签到节点中心的距离 |
| | vertex.label.degree | 节点标签对齐方式，“0”：向右；“pi”：向左；“-pi/2”：向上；“pi/2”：向下 |
| | vertex.label.color | 节点标签颜色，默认为黑色 |
| 连边参数 | edge.color | 连边颜色，默认为深灰色 |
| | edge.width | 连边宽度，默认为1 |
| | edge.arrow.size | 连边箭头大小，默认为1 |
| | edge.arrow.width | 连边箭头宽度，默认为1 |
| | edge.lty | 连边类型，“0”：没有连边；“1”：实线；“2”：虚线；“3”：点状线；“4”：点划线；“5”：长划线；“6”：两划线 |
| | edge.label | 连边标签 |
| | edge.label.family | 连边标签字体 |
| | edge.label.font | 连边字体形状，具体参数同节点字体形状 |
| | edge.label.cex | 连边标签的字体大小 |
| | edge.label.color | 连边标签颜色 |
| | edge.label.x | 连边标签的水平坐标 |
| | edge.label.y | 连边标签的垂直坐标 |
| | edge.curved | 连边是否弯曲，数值指定连边的曲率；零曲率表示直边，负值表示连边顺时针弯曲，正值表示相反。TRUE表示曲率为0.5，FALSE表示曲率为0。默认为FALSE |
| | edge.arrow.mode | 连边箭头，“0”：没有箭头；“1”：向后箭头；“2”：向前箭头；“3”：双向箭头 |
| | edge.loop.angle | 环形边弧度（二维情况），默认为0 |
| | edge.loop.angle2 | 环形边弧度（三维情况），默认为0 |

续表

| 类型 | 参数 | 简要介绍 |
| --- | --- | --- |
| 其他参数 | layout | 布局参数 |
| | margin | 图的下方、上方、左侧和右侧的空白边距，取值是一个长度为4的向量 |
| | palette | 节点颜色的调色板 |
| | frame | 是否在图形周围绘制框架，默认为FALSE |
| | main | 标题 |
| | sub | 副标题 |
| | xlab | *x*轴标题 |
| | ylab | *y*轴标题 |

# 第4章

CHAPTER 4

## 网络的描述统计

本章介绍描述网络特征的各种统计量。4.1 节介绍网络密度，可以用于描述网络的密集程度。4.2 节针对节点，给出度的定义，针对有向网络，分别定义节点的入度和出度。4.3 节讨论网络的二元结构，并给出具体的计算方法。4.4 节讨论更加复杂的三元结构。4.5 节给出路径、距离及网络直径的定义，在此基础上，4.6 节给出 3 种中心性的定义，分别是度中心性、接近中心性及中介中心性，这 3 个指标可以用于评价节点在网络中的重要程度。4.7 节讨论星状结构与共同邻居这两种重要的结构。4.8 节给出一个实际数据案例。4.9 节是本章小结。

# 4.1 网络密度

前文我们定义了邻接矩阵。回顾一下，邻接矩阵的元素如果取值是 1，那么相应的节点之间便存在一条连边。例如，$A_{ij}=1$意味着节点$i$和节点$j$之间存在联系。接下来一个很自然的问题是，有多少节点之间存在联系？如果大部分节点之间都存在联系，那么网络就会非常紧密，信息在网络内部的流通也会相对迅速。如果只有少部分节点存在联系，可以想象网络会非常稀疏，信息在网络内部的流通也会相对滞后。

首先以无向网络为例。定义$L=\sum_{i<j}A_{ij}$，它表示网络中所有的连边的总和或计数。注意到求和记号的下标是$i<j$而非$i\neq j$，这是因为无向网络满足$A_{ij}=A_{ji}$。如果求和记号的下标是$i\neq j$，那么每条连边将被计算两次。假设网络中的所有节点都存在联系，这样的网络叫做完全图（Complete Graph），那么$L=C_n^2=\dfrac{n(n-1)}{2}$。假设网络中的所有节点都不存在联系，这样的网络叫做空图（Empty Graph），那么$L=0$。可以看到，针对无向网络，$L$的取值范围是$0$到$\dfrac{n(n-1)}{2}$。如果网络有 10 个节点，$\dfrac{n(n-1)}{2}$的取值是 45；如果网络有 100 个节点，这个数值是 4 950；当网络有 1 000 个节点的时候，这个数值会达到 499 500，将近 50 万。读者可以自己计算一下，网络中如果存在上万个节点，节点之间都存在联系（完全图），将会产生多少连边。

以上结论可以很容易地推广到有向网络。针对有向网络，$L=\sum_{i\neq j}A_{ij}$。注意此时求和记号的下标是$i\neq j$。不同于无向网络，有向网络允许$A_{ij}\neq A_{ji}$。如果节点都存在联系，那么$L=A_n^2=n(n-1)$。可见有向网络边数$L$的取值范围是$0$到$n(n-1)$。

接下来给出网络密度（Network Density）的定义。针对无向网络，网络密度定义为：

$$\Delta=\frac{2L}{n(n-1)}=\frac{2\sum_{i<j}A_{ij}}{n(n-1)}$$

容易验证，网络密度$0\leqslant\Delta\leqslant1$。我们给出一个具体的示例。如图4-1左图所示的网络是一个无向网络，共包含4个节点，即$n=4$。可以观察到网络中存在3条连边，即$L=3$。3条连边分别产生于节点1和节点2、节点1和节点3，以及节点2和节点4。那么这个网络的密度是$\Delta=\dfrac{3}{6}=0.5$。针对有向网络，网络密度定义为：

$$\Delta=\frac{L}{n(n-1)}=\frac{\sum_{i\neq j}A_{ij}}{n(n-1)}$$

同样地，有向网络的网络密度取值范围是0～1。如图4-1右图所示，这是一个包含4个节点的有向网络，网络中一共有4条有向的连边，分别由节点2指向节点1、节点4指向节点3、节点2指向节点4及节点4指向节点2。那么这个网络的密度是$\Delta=\dfrac{4}{12}\approx0.3$。

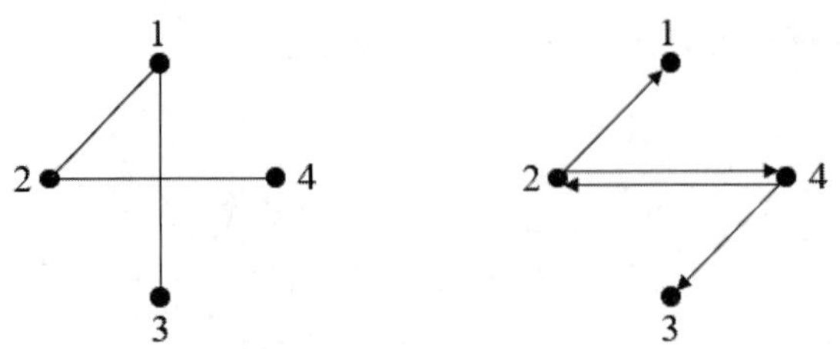


图4-1　网络密度示意图

在实际应用中，大规模社交网络的密度往往极低。例如，Gao et al.（2021）分析的统计学引文网络具有 5 746 个节点（论文）及 23 737 条连边（论文引用关系），其网络密度只有 0.072%。Pons and Latapy（2005）给出的某计算机互联网络有 12 929 个节点和 52 844 条连边，在该网络中，节点为路由器，连边为它们之间的物理链接，该网络的密度为 0.063%。Clauset, et al.（2004）举例的某大型在线零售商网站上的商品购买网络有 409 687 个节点及 2 464 630 条连边，在这个网络中，节点代表商品，如果购买商品 A 的买家经常购买商品 B，则商品 A 与商品 B 之间存在一条连边，该网络的密度仅为 0.00294%。

理论上，如果网络密度随着 $n$ 的增加收敛到 0，那么这个网络是稀疏的。相反，如果随着 $n$ 的增加，网络密度并不收敛到 0，而是趋于一个常数，那么这个网络是稠密的。在进行实际数据分析的时候，很难从理论上验证网络是稀疏的还是稠密的。一般经验性地看待这个问题，如果网络包含的节点数较多（规模较大）但是网络的密度极低，就可以认为网络是稀疏的。需要注意的是，存储大规模网络使用边数据比邻接矩阵更加节省空间。以统计学科合作者网络为例，如果将邻接矩阵存储为 csv 文件，需要 47 432KB；如果将边数据存储为 csv 文件，仅需要 247KB。下面的代码展示了统计学科合作者网络的基本情况。这个网络有 4 925 个节点（学者），10 191 条连边（合作关系）。利用 edge_density() 函数计算得到网络的密度只有 0.084%。

```
# 读取边数据
largest_edge = read.csv('edge_largest.csv')
# 由边数据构造无向网络
g = graph_from_data_frame(largest_edge, directed = FALSE)
# 网络的节点数和连边数
c(vcount(g), ecount(g))
## [1]  4925 10191
# 网络密度
edge_density(g)
## [1] 0.0008404706
```

值得注意的是，在 R 语言中邻接矩阵往往被存储为 dgCMatrix 类型，这是一种针对稀疏矩阵的存储方式，能够更加方便地存储大型稀疏矩阵。使用 as_adjacency_matrix() 函数可以返回网络的邻接矩阵，如果设置参数 sparse 为 FALSE，则返回普通矩阵；如果为 TRUE，则返回 dgCMatrix 类型矩阵。在 R 语言中可以利用 Matrix 包对 dgCMatrix 类型邻接矩阵进行处理和运算，也可以使用 as. matrix() 函数将其转换为普通的矩阵，再进行数值运算。

# 4.2 节点的度

本节给出节点的度的定义。针对无向网络，某个节点的度就是与其存在直接联系的节点个数；针对有向网络，节点的度又分为入度和出度，它们分别代表节点的受欢迎程度和活跃程度。

## 4.2.1 无向网络的度

针对网络的个体，可以计算节点的度（Nodal Degree）。首先以无向网络为例进行说明。针对节点 $i$，定义它的度为 $D_i = \sum_{j=1}^{n} A_{ij}$。从这个定义可以看出，节点的度就是与其相连的其他节点的个数。如果一个节点的度为 0，说明网络中没有任何节点跟它有联系，这样的节点也叫做孤立点（Isolate）。如果一个节点的度为 $n-1$，说明这个节点与网络中其他所有节点都有联系，这个节点必然非常重要。从以上讨论可以看出，节点的度的取值范围是 0 到 $n-1$。在社交网络中，将节点的度视作一种活跃程度，试想一个好友关系网络，度非常高的节点与很多其他节点是好友，这类节点就是所谓的“社交达人”。

以 igraphdata 包中的空手道俱乐部网络为例进行说明。R 语言的 degree() 函数可以计算节点的度，代码如下，可以看出空手道俱乐部网络节点的度的最小值和最大值分别是 1 和 17。

```
# 导入数据
data("karate")
# 网络的节点数、连边数
c(vcount(karate), ecount(karate))
## [1] 34 78
# 网络密度
edge_density(karate)
## [1] 0.1390374
# 节点的度
```

```
d = degree(karate)
# 度的最小值和最大值
c(min(d), max(d))
## [1]  1 17
```

进一步给出度的分布（Degree Distribution）的概念。令$0 \leqslant d \leqslant n-1$，记$f_d$为度等于$d$的节点的占比，即满足$D_i = d$的节点占比。那么，$\{f_d\}_{0 \leqslant d \leqslant n-1}$称作网络的度的分布。如果网络中每个节点的度都相同并且等于$d$，称这样的网络是$d$-regular的，即节点的度没有波动，其方差是0。由此，给出度的方差的定义：

$$S_D^2 = \frac{\sum_{i=1}^{n}\left(D_i - \bar{D}\right)^2}{n}$$

其中$\bar{D} = \sum_{i=1}^{n} \frac{D_i}{n}$是度的均值。实际上，直接对$\{D_1, D_2 \cdots D_n\}$绘制直方图，就能够观察度的分布。从图4-2中可以看出，空手道俱乐部网络节点的度的直方图呈现右偏分布。

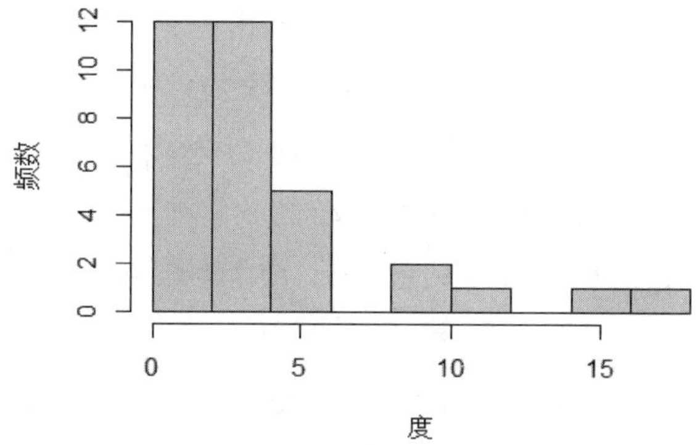


图4-2　空手道俱乐部网络度分布直方图

一般地，网络结构数据的度的直方图会呈现右偏的形态，这说明网络中大部分节点的度是相对较低的，只有少部分节点的度相对较高，这一少部分节点非常重要。为了呈现这一特点，还有一种非常有用的网络图形：双对数度分布图（Log-log Degree Distribution）。这种统计图本质上是一种散点图，横坐标是对数化的度，纵坐标是相应的对数化的节点个数。如果统计图的散点大致分布于一条斜率为负数的直线，说明节点度服从幂律分布。这种分布的特点可以总结为“重要的少数与琐碎的多数”，即绝大多数节点的度都比较小，只有极小部分的节点度非常大。

我们以统计学科合作者网络的核心子图为例绘制双对数度分布图。此网络的节点是作者，连边代表两个作者合作发表论文。网络共有 1 061 个节点和 3 310 条连边，网络的密度是 0.59%。

从图 4-3 左图的度分布直方图可以看出，该网络的度分布极度右偏，这说明部分节点的度很大，但是数量较少，分布较为分散。从图 4-3 右图可以看出，散点大致分布在一条直线附近，说明了度较高的节点数量较少这一特点。

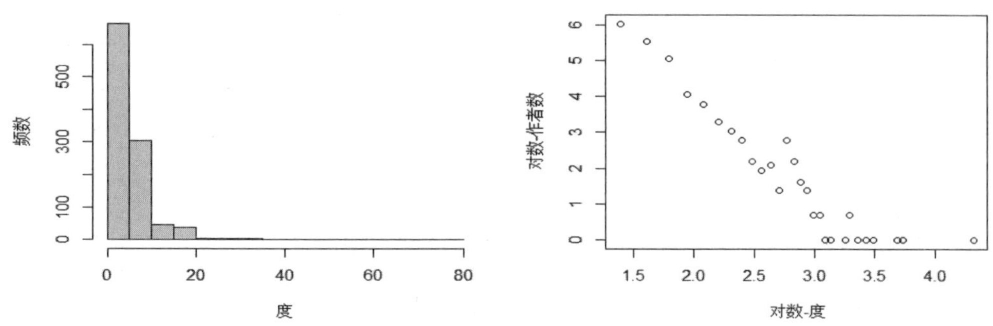


图4-3　统计学科合作者网络核心子图度分布直方图（左）、双对数度分布图（右）

实际上，节点的度与网络的密度存在一定的关系。在上一节，针对无向网络定义了$L=\sum_{i<j}A_{ij}$。根据节点的度的定义，可以得到$\sum_{i=1}^{n}D_i=2L$。进一步地，将节点的度的均值记为$\bar{D}=\sum_{i=1}^{n}\frac{D_i}{n}$，可以得到：

$$\Delta=\frac{\bar{D}}{n-1}$$

前面提到，如果随着$n$的增加网络密度依然是个常数，那么网络是稠密的。因此，稠密网络的平均度随着$n$的增加呈线性增长。对于稀疏网络，更常见的场景是平均度随着$n$的增加几乎维持不变。以社交网络平台为例，随着平台注册用户的增加，用户的好友数不会随着平台用户数的增加呈线性增长，反而会维持在一个相对稳定的水平。

## 4.2.2 有向网络的入度和出度

针对有向网络，节点的度可以进一步分为入度（In-degree）和出度（Out-degree）。具体地，节点的入度是邻接矩阵的列和，即$D_{+i}=\sum_{j\neq i}A_{ji}$；节点的出度是邻接矩阵的行和，即$D_{i+}=\sum_{j\neq i}A_{ij}$。针对图 4-1 右图的有向网络，网络的邻接矩阵、节点的入度和出度如表 4-1 所示。具体地，针对节点 1，只有节点 2 向其指出一条连边，那么节点 1 的入度为 1；针对节点 4，它分别指向节点 2 和节点 3，发出两条连边，那么节点 4 的出度为 2。从表 4-1 还可以看出，节点的入度和出度之和相等，并且等于网络的连边的总数，即$\sum_i D_{+i}=\sum_i D_{i+}=L=\sum_{i\neq j}A_{ij}$。类似地，可以定义入度的均值和出度的均值：$\bar{D}_{in}=\frac{\sum_i D_{+i}}{n}$，$\bar{D}_{out}=\frac{\sum_i D_{i+}}{n}$。显然，这两者也是相等的，即$\bar{D}_{in}=\bar{D}_{out}=\frac{L}{n}$。

**表4-1　网络的邻接矩阵、出度和入度**

| 节点 | 1 | 2 | 3 | 4 | 出度 |
|---|---|---|---|---|---|
| 1 | 0 | 0 | 0 | 0 | 0 |
| 2 | 1 | 0 | 0 | 1 | 2 |
| 3 | 0 | 0 | 0 | 0 | 0 |
| 4 | 0 | 1 | 1 | 0 | 2 |
| 入度 | 1 | 1 | 1 | 1 | 4 |

根据入度和出度的取值，又可以将网络中的节点分为如下 4 类。

（1）孤立点（Isolate）：入度和出度都是 0，$D_{+i}=D_{i+}=0$。

（2）传输者（Transmitter）：入度等于 0，出度大于 0，$D_{+i}=0$ 且 $D_{i+}>0$。

（3）接收者（Receiver）：入度大于 0，出度等于 0，$D_{+i}>0$ 且 $D_{i+}=0$。

（4）普通人（Ordinary）：入度和出度都大于 0，$D_{+i}>0$ 且 $D_{i+}>0$。

在社交网络中，一般将入度看作个体的受欢迎程度，将出度看作个体的活跃程度。在社交平台上，入度较大的个体一般会受到更多的关注。而在许多大型网络中，节点的度往往近似服从幂律分布。双对数图是检验节点度是否为幂律分布的常用图形。若在双对数图中，散点近似形成一条斜率为负数的直线，则可以初步判断节点度服从幂律分布。三个大型网络的度分布情况如图 4-4 所示，分别是电影演员协作网络、万维网和美国西部电力网络（Barabási and Albert, 1999）。可以看出上述三个网络的度分布近似服从幂律分布。

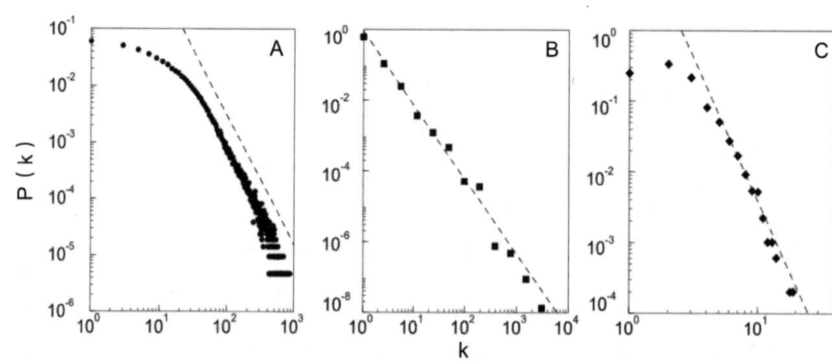


图4-4　电影演员协作网络（A）　　万维网（B）　　美国西部电力网络（C）

# 4.3 二元结构

我们曾在前文提到，网络结构图是一种展示网络结构数据的可视化工具。实际上，研究者经常借助图工具对网络结构数据展开分析。最常见的就是针对某些特殊的子图进行分析，即部分节点及它们之间的连边构成的图。在这一节，我们学习二元结构（Dyad）这种最为基础的子图。

针对网络结构图，二元结构是指 2 个节点及它们之间可能形成的结构关系。二元结构是研究有向网络的重要工具之一，本节以有向网络为主介绍二元结构。在有向网络中，共有 3 种不同的二元结构，如图 4-5 所示。如果 2 个节点之间没有边，那么它们形成一个空的节点对（Null Pair），这就类似在社交平台上，个体 A 和个体 B 互不关注。如果节点 A 关注节点 B，但是节点 B 没有关注节点 A，或者节点 B 关注节点 A，但是节点 A 没有关注节点 B，那么它们形成一个非对称的节点对（Asymmetric Pair）。针对节点 A 关注节点 B 的情形，称节点 A 为起点，节点 B 为终点。如果节点 A 和节点 B 互相关注，那么它们形成一个双向节点对（Mutual/Reciprocal Pair）。

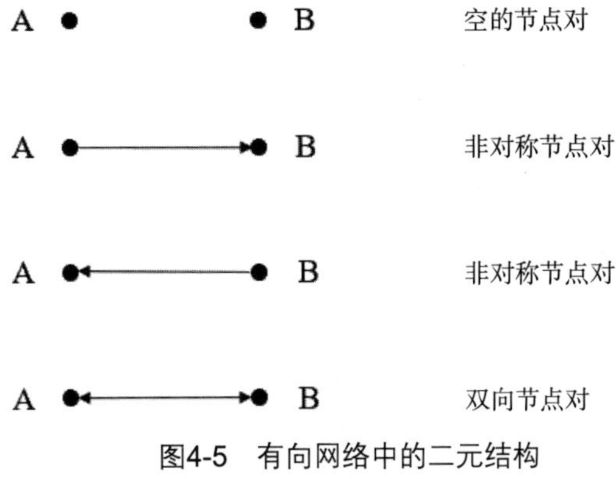


图4-5　有向网络中的二元结构

统计网络中不同的二元结构的数量是个重要的研究问题。先考虑双向节点对的数量。由于双向节点对的特点是两个节点互相关注，因此$A_{ij}=A_{ji}=1$。那么，双向节点对的计数$M=\sum_{i<j}A_{ij}A_{ji}$。注意我们统计的是节点对的数量，而不是连边的数量，因此求和记号的下标是$i<j$，而非$i\neq j$。前文我们用$L$记录网络中连边的总数，那么非对称节点对的数量等于$L-2M$。相当于用网络中连边的总数减去双向节点对产生的连边的总数，两者之差就是单向的连边的数量，也就是单向节点对的数量。最后，空的节点对的数量等于$C_n^2-(L-2M)-M=C_n^2-L+M$。

给出上述计算公式之后，不妨用前文图 4-1 的例子进行验证。这个网络包含 4 个节点，4 条连边，一共有$C_4^2=6$个节点对。节点 2 和节点 4 形成了一个双向的节点对，即$M=1$。节点 1 和节点 2、节点 3 和节点 4 分别形成了 2 个非对称节点对，即$L-2M=4-2=2$。最后，节点 1 和节点 4、节点 1 和节点 3、节点 2 和节点 3 分别形成了 3 个空的节点对，即$C_n^2-L+M=6-4+1=3$。

当网络中节点较多时，通过观察法计算节点对的数量并不可行，此时需要借助邻接矩阵。我们熟悉一下邻接矩阵的简单运算，以及相应元素的含义。首先回顾邻接矩阵：

$$A=\begin{pmatrix} A_{11} & \cdots & A_{1n} \\ \vdots & \ddots & \vdots \\ A_{n1} & \cdots & A_{nn} \end{pmatrix}$$

记$B=(B_{ij})=A^2$，这是一个$n\times n$维的矩阵。那么根据矩阵的基本运算可以知道，$B_{ij}=\sum_{k=1}^{n}A_{ik}A_{kj}$。我们稍后再探究$B$矩阵非对角元素的含义，而是先把注意力放在$B$矩阵的对角元素。以$B_{11}=\sum_{k=1}^{n}A_{1k}A_{k1}$为例，这个元素实际上是一个简单的计数，计算的是有多少其他节点跟节点1形成双向节点对。只有跟节点1形成双向节点对，$A_{1k}A_{k1}$的取值才有可能是1，否则这个量的取值是0。$B$矩阵的第$i$个对角元素$B_{ii}=\sum_{k=1}^{n}A_{ik}A_{ki}$代表了有多少个节点跟节点$i$形成双向节点对。那么，直接将$B$矩阵所有的对角元素加和就会得到$M$的值吗？实际上还差一点。在这个计算过程中，所有的双向节点对都被计算了两次。因此，$M=\frac{tr(B)}{2}=\frac{tr(A^2)}{2}$，其中$tr(X)$代表矩阵$X$的迹，即矩阵$X$的对角元素求和。

接下来，定义邻接矩阵的转置：

$$A'=\begin{pmatrix} A_{11} & \cdots & A_{n1} \\ \vdots & \ddots & \vdots \\ A_{1n} & \cdots & A_{nn} \end{pmatrix}$$

记$C=(C_{ij})=AA'$，这是一个$n\times n$维的矩阵。同样地，根据矩阵的基本运算可以知道，$C_{ij}=\sum_{k=1}^{n}A_{ik}A_{jk}$。我们同样稍后再讨论$C$矩阵非对角元素的含义，而是先关注$C$矩阵的对角元素。以$C_{11}=\sum_{k=1}^{n}A_{1k}^2$为例，这个元素实际上是一个简单的计数，计算的是以节点1为起点，以其他节点为终点，一共有多少条连边。$C$矩阵的第$i$个对角元素$C_{ii}=\sum_{k=1}^{n}A_{ik}^2$代表了以节点$i$为起点，以其他节点为终点，一共产生了多少条连边。如果将$C$矩阵所有的对角元素加和，就会得到网络中连边的总数，即$L$。因此，$L=tr(C)=tr(AA')$。根据之前的讨论，网络中非对称的节点对的数量等于$L-2M=tr(AA')-tr(A^2)$，网络中空的节点对的数量等于$C_n^2-L+M=C_n^2-tr(AA')+\frac{tr(A^2)}{2}$。

这里以igraphdata包中的英国大学教师交友网络数据（UKfaculty）为例进行计算说明。这个网络是一个有向网络，包含有81个节点和817条有向连边。在R语言中可以利用igraph包中的dyad.census()函数计算有向网络中三种二元结构的数量，也可以利用邻接矩阵的性质进行计算。代码如下。经计算可得，这个网络中存在240个双向的节点对，337个非对称节点对及2 663个空节点对。

```
# 导入数据
data( " UKfaculty " )
# 利用 dyad.census() 函数计算三种二元结构的数量
dyad.census(UKfaculty)
## $mut
## [1] 240
##
## $asym
## [1] 337
##
## $null
## [1] 2663
# 利用邻接矩阵计算三种二元结构的数量
# 获得邻接矩阵
A = as_adjacency_matrix(UKfaculty)
# 将 "dgCMatrix" 类型转化为 "matrix" 类型
A = as.matrix(A)
# 对称的节点对
sum(diag(A%*%A))/2
## [1] 240
# 非对称的节点对
sum(diag(A%*%t(A))) - sum(diag(A %*% A))
## [1] 337
# 空节点对
n = length(V(UKfaculty))
(n*(n-1))/2 - sum(diag(A %*% t(A))) + sum(diag(A %*% A))/2
## [1] 2663
```

# 4.4 三元结构

上一节，我们学习了网络的二元结构。比二元结构更复杂一点的是三元结构（Triad），即三个节点及它们之间可能形成的关系。针对无向网络图，只存在 4 种三元结构，如图 4-6 所示。这 4 种三元结构中，后两者是我们更感兴趣的。第三种叫做星状结构（Star），这是一个 2-star。第四种叫做三角形结构（Triangle），节点 $i$、节点 $j$ 和节点 $k$ 称作三角形的顶点。

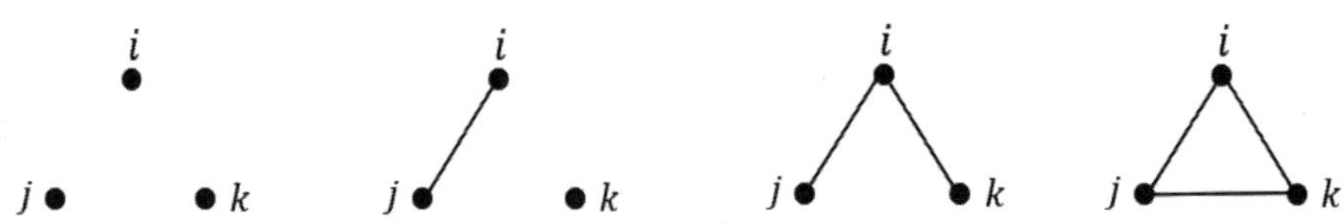


图4-6　无向网络结构图的三元结构示例

igraph 包的 triangles() 函数可以给出网络中所有的三角形结构，count_triangles() 函数则统计每个节点是多少个三角形结构的一部分。以某小型创业公司的社交网络（Krackhardt，1990）为例进行分析，代码如下。这个网络有 10 个节点，18 条连边，网络中一共有 11 个三角形结构，例如，节点 4、节点 1 和节点 2 就构成了 1 个三角形，节点 4 包含在 8 个三角形结构中，而节点 9 和节点 10 没有构成三角形结构。

```
# 导入数据
kite = make_graph("Krackhardt_kite")
# 展示三角形结构，每一列为三角形的三个顶点
matrix(triangles(kite), nrow = 3)
##     [,1] [,2] [,3] [,4] [,5] [,6] [,7] [,8] [,9] [,10] [,11]
## [1,]   4    4    4    4    4    4    4    4    6     6     7
## [2,]   1    1    2    6    6    6    7    7    1     7     2
## [3,]   2    3    5    1    3    7    2    5    3     8     5
# 每个节点是多少个三角形结构的顶点
count_triangles(kite)
## [1] 4 4 3 8 3 5 5 1 0 0
```

针对有向网络图，三元结构的类型相对多一些。作为示例，我们先给出一种在社交关系中研究最多的性质：传递性。传递性想表达的主要思想是“朋友的朋友是朋友”。假设有节点 $i$、节点 $j$ 和节点 $k$，传递性是指在三个节点之间产生了如图 4-7 所示的结构。假设 $A_{ij}=1$ 代表着节点 $j$

是节点 $i$ 的好友。那么传递性是指：假如节点 $j$ 是节点 $i$ 的好友，节点 $k$ 是节点 $j$ 的好友，那么节点 $k$ 也是节点 $i$ 的好友，即 $A_{ij}A_{jk}A_{ik}=1$。社交网络中存在大量的传递性结构，这是人们社交特点的体现。

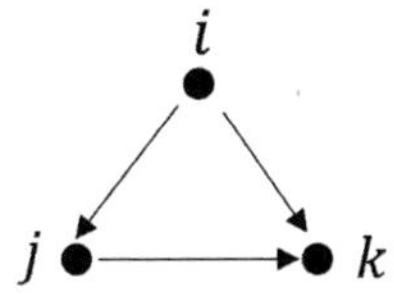

图4-7　传递性示例

读者此刻不妨简单演算一下，有向网络一共能产生多少种不同的三元结构。答案是 16 种（如图 4-8 所示）。第 2 行第 3 个三元结构就是传递性。

根据网络中出现的 16 种类型三元结构，可以解释网络的整体结构。Santoso et al.（2019）研究了区域间贸易在印度尼西亚经济中发挥的重要作用。作者构建了区域间贸易网络，其中节点为区域，如果经济资源从一个区域流向另一个区域，则在两个区域之间存在一条有向的连边。研究揭示了 2016 年到 2019 年区域贸易网络的三元结构模式，得分高且具有统计显著性的三元结构类型为具有 3 个双向连边的平衡三元结构（图 4-8 第 4 行第 4 个）；其次是具有 2 个双向连边和 1 个单向连边的三元结构（图 4-8 第 4 行第 3 个）与具有 1 个双向连边和 2 个单向连边的三元结构（图 4-8 第 4 行第 1 个）。最终，作者以此为依据对印度尼西亚各个城市进行排名。

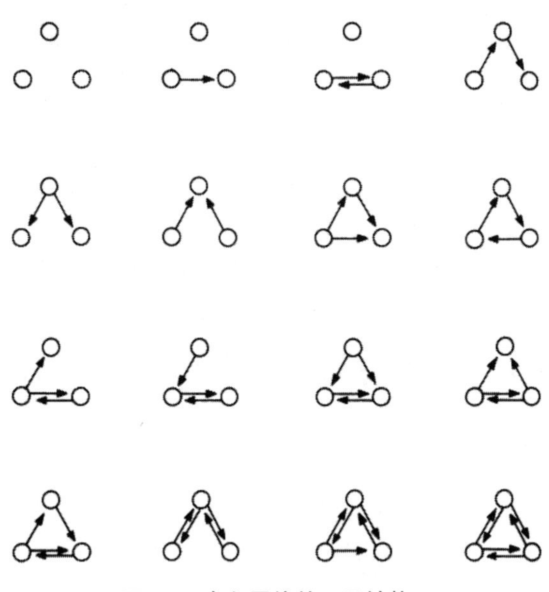
图4-8　有向网络的三元结构

与二元结构的统计类似，三元结构的数量统计可以借助 triad_census() 函数实现。这个函数会返回网络中三元结构的数量，第 9 个元素代表具备传递性的三元结构数量。读者可以参考 triad_census() 函数的帮助文档了解这个函数结果的输出是哪种结构。

```
# 设置随机种子
set.seed(42)
# 随机生成一个有向网络
g_sample = sample_gnm(15, 45, directed = T)
# 网络当中的各种三元结构数量
triad.census(g_sample)
## [1] 90 187 12 40 30 58 8 2 18 7 0 0 0 2 1 0
```

# 4.5 路径、距离、网络的直径

在 4.2 节，我们学习了节点的度，这个指标可以在一定程度上衡量节点的重要性。除了节点的度，还可以利用节点的中心性评价其重要性。为了引入节点的中心性，我们在这一节先学习路径、距离及网络的直径等概念。

## 4.5.1 路径

路径是由一系列的节点和连边构成的一种子图。路径的起点和终点都是节点，节点之间由边连接，形成“节点 → 连边 → 节点 →…→ 节点”的子图。根据节点和连边是否有重复，路径又具体分为以下三种情况。

（1）walk：路径上的节点和连边都可以重复。起点和终点相同的 walk 称作一个闭环（Closed Walk）。

（2）trail：路径上的节点可以重复，但是连边不可以重复。起点和终点相同的 trail 称作环形路径（Circuit）。

（3）path：路径上的节点和连边都没有重复。

从以上定义可以看出，path 一定是 trail，trail 一定是 walk，但是反过来未必成立。接下来给出一个具体的例子。如图 4-9 所示的网络由 5 个节点和 5 条连边构成，为了方便起见，用大写英文字母表示节点（A、B、C、D、E），用小写英文字母表示连边（a、b、c、d、e）。我们分别尝试给出 walk、trail 及 path，读者可以自己给出更多的例子。

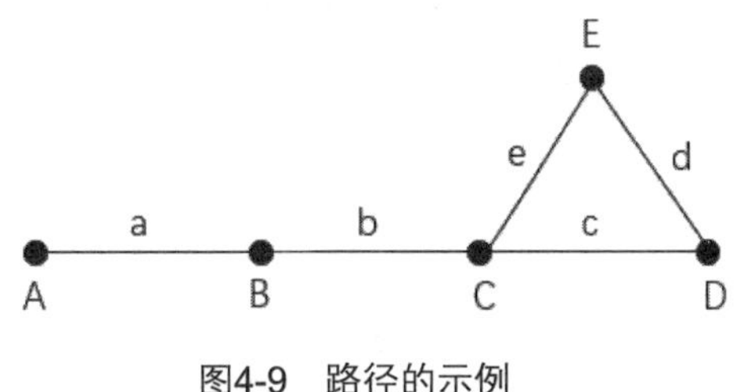


图4-9 路径的示例

（1）“B→b→C→e→E→e→C”是一个 walk，节点 C 和连边 e 都出现了重复。

（2）“C→e→E→d→D→c→C→b→B”是一个 trail，节点 C 出现了重复，但是连边没有重复。

（3）“A→a→B→b→C→c→D”是一个 path，节点和连边都没有重复。

路径的长度是指一条路径上连边的数量。对应上述的例子，walk、trail 及 path 的长度分别是 3、4 和 3。如果不特殊提及，本书的路径专指 path。但为了谨慎起见，我们尽量给出英文以便读者区分。如果从节点 A 到节点 B 存在至少一条路径，称作从节点 A 到节点 B 是可达的（Reachable）。

在前文我们定义了 $B=\left(B_{ij}\right)=A^2$，并且尝试解读这个矩阵的对角线元素所表达的含义。学习了路径的概念之后，我们尝试解读这个矩阵非对角线元素的含义。对于任意的 $i\neq j$，$B_{ij}=\sum_{k=1}^{n}A_{ik}A_{kj}$。对于某个节点 $k$ 来说，只有 $A_{ik}=A_{kj}=1$ 的时候，$A_{ik}A_{kj}=1$；其他情况下 $A_{ik}A_{kj}=0$。而 $A_{ik}=A_{kj}=1$ 意味着从节点 $i$ 到节点 $j$ 存在一条途经节点 $k$ 的路径，这条路径的长度是 2。基于以上讨论，$B_{ij}=\sum_{k=1}^{n}A_{ik}A_{kj}$ 可以视作一个计数，计算的是从节点 $i$ 到节点 $j$ 一共存在多少条长度为 2 的路径。读者可以思考一下，$A^3$ 的非对角线元素代表什么，给定整数 $1\leqslant p\leqslant n-1$，$A^p$ 的非对角线元素又代表什么。

我们规范一下符号，记 $A^p=\left(A_{ij}^{[p]}\right)$，注意 $A_{ij}^{[p]}$ 并不是 $A_{ij}$ 的 $p$ 次幂，而是 $A^p$ 这个矩阵第 $i$ 行第 $j$ 列的记号。$A_{ij}^{[p]}$ 也是一个计数，计算的是从节点 $i$ 到节点 $j$ 一共存在多少条长度为 $p$ 的路径。如果将 $A, A^2\cdots A^{n-1}$ 全部加和，得到的矩阵如下。

$$A^{[\Sigma]}=A+A^2+A^3+\cdots+A^{n-1}$$

矩阵 $A^{[\Sigma]}$ 的第 $i$ 行第 $j$ 列计算了从节点 $i$ 到节点 $j$ 一共存在多少条长度小于等于 $n-1$ 的路径。如果这个矩阵的第 $i$ 行第 $j$ 列大于等于 1，说明从节点 $i$ 到节点 $j$ 是可达的。对于无向图，这些矩阵都是对称的，从节点 $i$ 到节点 $j$ 可达等价于从节点 $j$ 到节点 $i$ 可达。但对于有向图，这些矩阵并不对称，以上关于路径、可达性的结论未必是双向的。下面通过一个简单的例子进行说明。

假设邻接矩阵 $A$ 由表 4-2 给出，这个网络包括 5 个节点。可以很容易计算 $A^2$、$A^3$、$A^4$，同样在表 4-2 中给出。我们陈述几个有趣的结论，其他现象有待读者去发现和解读。

第一，从邻接矩阵看出，节点 1 并未和节点 3 直接相连，$A_{13}=A_{31}=0$。观察$A^2$可以发现，$A_{13}^{[2]}=2$，说明从节点 1 到节点 3 存在 2 条长度为 2 的路径。这 2 条路径分别是节点 1→ 节点 2→ 节点 3；节点 1→ 节点 4→ 节点 3。但是，$A_{31}^{[2]}=0$，这说明从节点 3 到节点 1 不存在长度为 2 的路径。

第二，$A_{13}^{[3]}=1$，$A_{13}^{[4]}=4$，说明从节点 1 到节点 3 存在 1 条长度为 3 的路径、存在 4 条长度为 4 的路径。但是，$A_{31}^{[3]}=A_{31}^{[4]}=0$，说明从节点 3 到节点 1 既不存在长度为 3 的路径，也不存在长度为 4 的路径。

第三，综上所述，节点 1 到节点 3 是可达的。虽然节点 1 跟节点 3 并不直接相连，但是从节点 1 可以 2 步、3 步，甚至 4 步到达节点 3。然而从节点 3 出发就没这么幸运了，因为$A_{31}^{[1]}+A_{31}^{[2]}+A_{31}^{[3]}+A_{31}^{[4]}=0$，因此从节点 3 到节点 1 不可达。

**表4-2　邻接矩阵及其幂次方示例**

| $A$ | 1 | 2 | 3 | 4 | 5 | | $A^2$ | 1 | 2 | 3 | 4 | 5 |
|---|---|---|---|---|---|---|---|---|---|---|---|---|
| 1 | — | 1 | — | 1 | — | | 1 | 1 | — | 2 | 1 | — |
| 2 | — | — | 1 | 1 | — | | 2 | 1 | — | 1 | — | 1 |
| 3 | — | — | — | — | 1 | | 3 | — | — | 1 | — | — |
| 4 | 1 | — | 1 | — | — | | 4 | — | 1 | — | 1 | 1 |
| 5 | — | — | 1 | — | — | | 5 | — | — | — | — | 1 |
| | | | | | | | | | | | | |
| $A^3$ | 1 | 2 | 3 | 4 | 5 | | $A^4$ | 1 | 2 | 3 | 4 | 5 |
| 1 | 1 | 1 | 1 | 1 | 2 | | 1 | 1 | 1 | 4 | 2 | 1 |
| 2 | — | 1 | 1 | 1 | 1 | | 2 | 1 | — | 3 | 1 | 1 |
| 3 | — | — | — | — | 1 | | 3 | — | — | 1 | — | — |
| 4 | 1 | — | 3 | 1 | — | | 4 | 1 | 1 | 1 | 1 | 3 |
| 5 | — | — | 1 | — | — | | 5 | — | — | — | — | 1 |

## 4.5.2 距离与网络的直径

通常，两个节点之间可能存在不止一条路径。继续以图 4-9 为例进行说明。从节点 B 到节点 D 存在两条路径：“B→b→C→c→D”和“B→b→C→e→E→d→D”。第 1 条路径的长度是 2，第 2 条路径的长度是 3。我们称长度最短的那条路径为最短路径（Geodesic），将最短路径的长度定义为节点间的距离（Distance），即$d(B,D)=2$。更严格地，$d(i,j)=\min_p A_{ij}^{[p]}>0$。如果两个节点之间不存在路径，即不可达，那么这两个节点间的距离是无穷大。

对于无向网络，$d(i,j)=d(j,i)$。针对图 4-9，可得$d(B,D)=d(D,B)=2$。对于有向网络，这个结论不一定成立。以表 4-2 的网络为例，这是个有向网络。节点 1 最短可以通过 2 步抵达节点 3，因此$d(1,3)=2$。但是节点 3 无法抵达节点 1，因此$d(3,1)$是无穷大。节点间的距离是个非常重要的概念，在下一节介绍接近中心性的时候，我们会用到节点间的距离。所有节点距离中最长的距离称作网络的直径（Diameter）。

作为本小节的结束，我们给出三个有趣的网络：星形网络、环形网络及线形网络（如图 4-10 所示）。这 3 种网络可以分别利用 make_star()、make_ring()，以及 make_lattice() 函数生成。

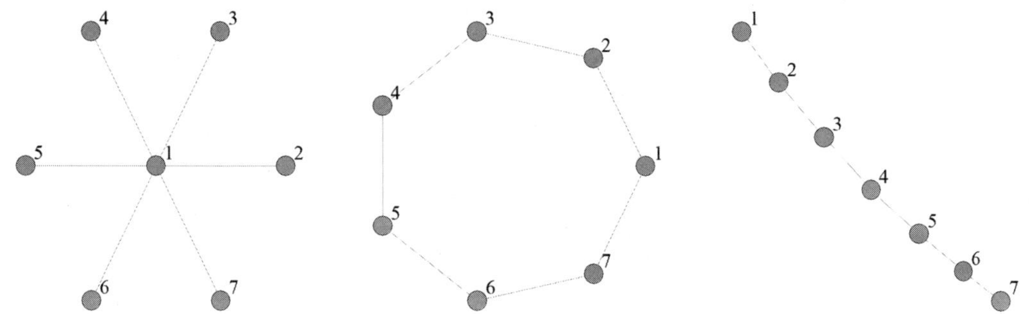

图4-10　三种特殊的网络图示例：星形图、环形图、线形图

distances() 函数能够输出节点之间的距离，diameter() 函数能够计算网络的直径。对于星形图，节点 1 与其余节点均直接相连，因此节点 1 与其余节点之间的距离均为 1；而除节点 1 以外的节点，都需要途经节点 1 才能到达其余节点，因此它们之间的距离均为 2，所以该网络的直径为 2。对于环形图，以节点 1 为例，其到节点 4 有两条路径："1→2→3→4" 或 "1→7→6→5→4"，两条路径的长度分别为 3 和 4，根据距离的定义可知，节点 1 到节点 4 的距离为 3，该网络的直径为 3。对于线形图，两侧的节点距离最远，因此节点 1 与节点 7 之间的距离即为该网络的直径，节点 1 沿路径 "1→2→3→4→5→6→7" 到达节点 7，因此节点 1 和节点 7 的距离为 6，该网络的直径也为 6。

计算网络直径的代码如下。

```
# 星形图的节点距离、网络直径
distances(g_1)
##      [,1] [,2] [,3] [,4] [,5] [,6] [,7]
## [1,]    0    1    1    1    1    1    1
## [2,]    1    0    2    2    2    2    2
## [3,]    1    2    0    2    2    2    2
## [4,]    1    2    2    0    2    2    2
## [5,]    1    2    2    2    0    2    2
## [6,]    1    2    2    2    2    0    2
## [7,]    1    2    2    2    2    2    0
```

```
diameter(g_1)
## [1] 2
# 环形图的节点距离、网络直径
distances(g_2)
##      [,1] [,2] [,3] [,4] [,5] [,6] [,7]
## [1,]    0    1    2    3    3    2    1
## [2,]    1    0    1    2    3    3    2
## [3,]    2    1    0    1    2    3    3
## [4,]    3    2    1    0    1    2    3
## [5,]    3    3    2    1    0    1    2
## [6,]    2    3    3    2    1    0    1
## [7,]    1    2    3    3    2    1    0
diameter(g_2)
## [1] 3
# 线形图的节点距离、网络直径
distances(g_3)
##      [,1] [,2] [,3] [,4] [,5] [,6] [,7]
## [1,]    0    1    2    3    4    5    6
## [2,]    1    0    1    2    3    4    5
## [3,]    2    1    0    1    2    3    4
## [4,]    3    2    1    0    1    2    3
## [5,]    4    3    2    1    0    1    2
## [6,]    5    4    3    2    1    0    1
## [7,]    6    5    4    3    2    1    0
diameter(g_3)
## [1] 6
```

## 4.6 节点的中心性

针对某一网络结构数据，人们通常关心哪些是重要的节点。这样一来，如何定义节点的重要性成为一个关键问题。我们常用中心性（Centrality）来反映节点的重要性。中心性的度量有很多，这一节介绍度中心性、接近中心性、中介中心性这 3 个最常用的中心性指标。

## 4.6.1 度中心性

度中心性(Degree Centrality)的定义比较简单，就是将节点的度进行标准化。以无向网络为例，度中心性定义如下。

$$C_D(i)=\frac{D_i}{n-1}$$

节点度的取值范围是 0 到 $n-1$，度中心性的取值范围是 0 到 1，这个指标与网络的规模 $n$ 无关，原则上可以在网络之间进行比较。节点的度中心性与度成正比。一个节点的度取值越大，说明它与网络中其他节点的联系越多，它的度中心性就会比较大。

以如图 4-10 所示的三种网络为例进行说明。对于星形图，只有节点 1 的度是 6，其他节点的度都是 1，标准化的度中心性就是 $\{1,0.167\cdots0.167\}$，可见，这个网络中有一个处于中心地位的节点，就是节点 1。对于环形图，所有节点的度都是 2，标准化的度中心性是 $\{0.333,0.333\cdots0.333\}$，可见，从度中心性这个角度来看，这个网络中所有节点的地位都是相同的。对于线形图，两端的节点的度是 1，其他节点的度是 2，标准化的度中心性是 $\{0.167,0.333\cdots0.333,0.167\}$。可见，这种网络节点地位相对均衡。

计算标准化度中心性的代码如下。

```
# 星形图
degree(g_1, normalized = T)
## [1] 1.0000000 0.1666667 0.1666667 0.1666667 0.1666667 0.1666667 0.1666667
# 环形图
degree(g_2, normalized = T)
## [1] 0.3333333 0.3333333 0.3333333 0.3333333 0.3333333 0.3333333 0.3333333
# 线形图
degree(g_3, normalized = T)
## [1] 0.1666667 0.3333333 0.3333333 0.3333333 0.3333333 0.3333333 0.1666667
```

## 4.6.2 接近中心性

接近中心性（Closeness Centrality）主要衡量节点与其他节点的距离。如果一个节点与其他很多节点的距离很近，说明这个节点相对重要，能够很快抵达其他节点。接近中心性的定义如下。

$$C_C(i)=\frac{1}{\sum_{j\neq i}d(i,j)}$$

节点的接近中心性与距离成反比。假设一个节点直接与其他节点相连，那么它和其他节点的距离都是1，这个节点的接近中心性取值就是$\frac{1}{n-1}$。可见接近中心性的取值范围是0到$\frac{1}{n-1}$。有时候为了在不同的网络间进行比较，接近中心性也定义如下。

$$C_C^*(i)=(n-1)C_C(i)=\frac{n-1}{\sum_{j\neq i}d(i,j)}$$

这个指标也称为标准化的接近中心性，其取值范围在0到1。

继续以图 4-10 中的三种网络为例进行说明。对于星形图，节点 1 与其他节点直接相连，意味着节点 1 与其他节点的距离都是 1，那么 $C_C^*(1)=1$，其他节点想到达除节点 1 之外的节点，都必须经过节点 1，因此，除了节点 1 以外，任意两个节点间的距离都是 2，经过简单的计算可知 $C_C^*(2)=C_C^*(3)=\cdots=C_C^*(7)=0.545$。对于环形图，所有节点的接近中心性相等，为 0.5。对于线形图，节点的接近中心性取值更丰富一些。处于中间位置的节点 4 的接近中心性是 0.5，而处于两端的节点 1 和节点 7 的接近中心性约为 0.286。

计算接近中心性的代码如下。

```
# 星形图
closeness(g_1, normalized = T)
## [1] 1.0000000 0.5454545 0.5454545 0.5454545 0.5454545 0.5454545 0.5454545
# 环形图
closeness(g_2, normalized = T)
## [1] 0.5 0.5 0.5 0.5 0.5 0.5 0.5
# 线形图
closeness(g_3, normalized = T)
## [1] 0.2857143 0.3750000 0.4615385 0.5000000 0.4615385 0.3750000 0.2857143
```

## 4.6.3 中介中心性

中介中心性（Betweenness Centrality）主要衡量某个节点在多大程度上处于其他节点对的最短路径上。如果某个节点总是处于其他节点对的最短路径上，说明其他节点想要互相抵达，总是无法绕开这个节点，这也足见这个节点的重要性。如图 4-10 中的星形图，节点 1 的中介中心性最高，因为其他节点想要相互抵达，就必须途经节点 1。相反地，线形图两端节点的中介中心性应该较低。例如，其他节点之间的最短路径不会途经节点 1。

为了定义中介中心性，这里给出一些新的符号。令 $g_{jk}$ 为节点 $j$ 和节点 $k$ 之间最短路径的条数，$g_{jk}(i)$ 为节点 $j$ 和节点 $k$ 的最短路径上经过节点 $i$ 的路径数。如果节点 $j$ 和节点 $k$ 的最短路径（可能不止 1 条）上总是途经节点 $i$，那么 $g_{jk}=g_{jk}(i)$。给定以上符号，中介中心性的定义如下。

$$C_B(i)=\frac{\sum_{j<k} g_{jk}(i)}{g_{jk}}$$

我们以星形图为例，计算一下 $C_B(i)$ 的最大值能达到多少。这个网络图中，除了节点 1，其他节点对的最短路径都要经过节点 1，这样的最短路径共有 $C_{n-1}^2$ 条，即 $\frac{(n-1)(n-2)}{2}$。这就是中介中心性的最大值，也是星形图中节点 1 的中介中心性取值。

类似度中心性和接近中心性，标准化的中介中心性定义如下。

$$C_B^*(i)=\frac{2C_B(i)}{(n-1)(n-2)}$$

标准化后的中介中心性取值为 0 到 1。针对图 4-10 中的几个示例，我们直接给出中介中心性的取值，代码如下，感兴趣的读者可以自行演算。对于星形图，$C_B^*(1)=1$，其他节点的中介中心性都是0。对于环形图，所有节点的中介中心性相等，取值为0.2。对于线形图，每个节点的中介中心性不完全相同。两端节点的中介中心性 $C_B^*(1)=C_B^*(7)=0$，处于中间位置的节点 4 的中介中心性最高，$C_B^*(4)=0.6$。

```
# 星形图
betweenness(g_1, normalized = T)
## [1] 1 0 0 0 0 0 0
# 环形图
betweenness(g_2, normalized = T)
## [1] 0.2 0.2 0.2 0.2 0.2 0.2 0.2
# 线形图
betweenness(g_3, normalized = T)
## [1] 0.0000000 0.3333333 0.5333333 0.6000000 0.5333333 0.3333333 0.0000000
```

# 4.7 星状结构与邻居

星状结构（star）是一种特殊的树状结构，由一个根节点和多个叶子节点组成。这样的结构有利于研究节点及其直接邻居，并且忽略了邻居之间的连通性。针对无向图，*k*-star 是由一个根节点和 *k* 个叶子节点构成的子网络结构，其中节点间的连边是无向的。图 4-11 展示了 2-star 及 3-star 的网络结构图示意。以图 4-11 的右图为例，节点 1 为 3-star 的根节点，也就是中心节点；节点 2、节点 3 和节点 4 为叶子节点，也就是节点 1 的直接邻居。节点 1 与其邻居存在连边，但邻居之间互不连通。

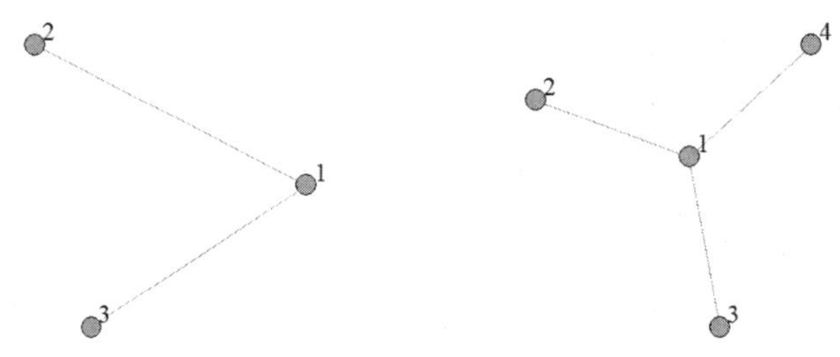


图4-11　2-star网络结构图（左）、3-star网络结构图（右）

在 R 语言中，可以使用 ergm 包来计算网络中 *k*-star 的数量，同样以图 4-10 中的三种网络为例。对于星形图，节点 1 可以与任意两个邻居构成 2-star，因此有 $C_6^2=15$ 个不同的 2-star，节点 1 与任意三个邻居构成 3-star，因此有 $C_6^3=20$ 个不同的 3-star。对于环形图，所有节点都可以与其相连的两个邻居构成 2-star，因此有 7 个不同的 2-star，但是这个环形图不存在 3-star 结构。对于线形图，除了首尾两个节点外，其余节点均能与其两个邻居构成 2-star，因此存在 5 个不同的 2-star，但是这个线形图不存在 3-star 结构。

```
# 加载相应的包，若没有，先用 install.packages("ergm") 命令安装
library(ergm)
# 星形图
# 生成邻接矩阵
A_1 = as_adjacency_matrix(g_1)
g_1_net = network::as.network(as.matrix(A_1),directed = F)
# 计算 2-star 与 3-star 数量
summary(formula(g_1_net ~ edges + kstar(2) + kstar(3)))
## edges kstar2 kstar3
```

```
## 6 15 20
# 环形图
# 生成邻接矩阵
A_2 = as_adjacency_matrix(g_2)
g_2_net = network::as.network(as.matrix(A_2),directed = F)
# 计算 2-star 与 3-star 数量
summary(formula(g_2_net ~ edges + kstar(2) + kstar(3)))
## edges kstar2 kstar3
## 7 7 0
# 线形图
# 生成邻接矩阵
A_3 = as_adjacency_matrix(g_3)
g_3_net = network::as.network(as.matrix(A_3),directed = F)
# 计算 2-star 与 3-star 数量
summary(formula(g_3_net ~ edges + kstar(2) + kstar(3)))
## edges kstar2 kstar3
## 6 5 0
```

针对有向图，$k$-star 又分为 $k$-in-star 及 $k$-out-star。$k$-in-star 是由一个根节点和 $k$ 个叶子节点构成的子网络结构，其中节点间的连边是有向的，由叶子节点指向根节点。与此类似，在 $k$-out-star 结构中，节点间的连边由根节点指向叶子节点。2-in-star 及 2-out-star 的示例如图 4-12 所示。左图中节点 2 与节点 3 指向节点 1，节点 1 为根节点，节点 2 与节点 3 为叶子节点，节点 1 的入度为 2，节点 2 与节点 3 的出度均为 1。右图中，节点 1 分别指向节点 2 与节点 3，节点 1 为根节点且出度为 2，节点 2 与节点 3 为叶子节点且入度均为 1。

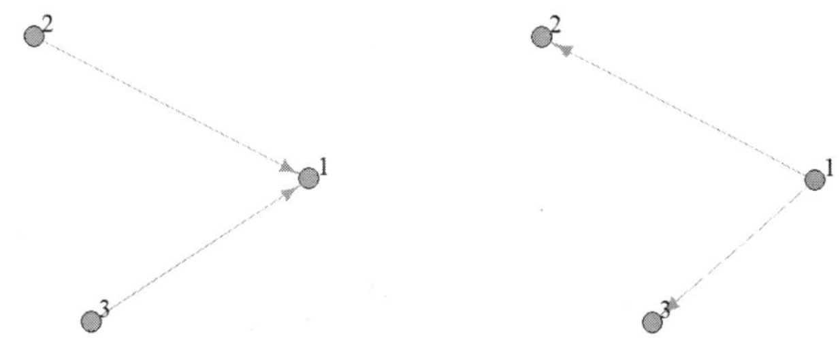


图4-12　2-in-star网络结构图（左）、2-out-star网络结构图（右）

在无向网络中，节点的邻居（Neighbors）是指与该节点直接相邻（存在连边）的节点的集合。

共同邻居（Common Neighbors）即为节点间邻居的交集。如图 4-13 所示，节点 2 的邻居为节点 1 与节点 3，节点 4 的邻居为节点 1 与节点 5。我们取节点 2 与节点 4 的邻居的交集可得到其共同邻居为节点 1，代码如下。

```
# 节点 2 的邻居
n2 = neighbors(g_6, 2)
print(n2)
## + 2/5 vertices, from a63efc7:
## [1] 1 3
# 节点 4 的邻居
n4 = neighbors(g_6, 4)
print(n4)
## + 2/5 vertices, from a63efc7:
## [1] 1 5
# 节点 2 与节点 4 的共同邻居
intersection(n2, n4)
## + 1/5 vertex, from a63efc7:
## [1] 1
```

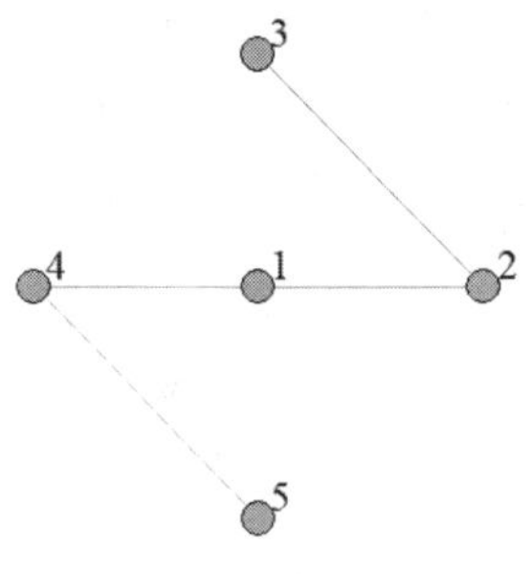


图4-13　共同邻居示例

## 4.8　案例：统计学科合作者网络分析

随着统计学的快速发展，研究统计学科的发展趋势是一项十分重要的工作。本案例研究统计学家的合作网络，可以探索统计学家之间的合作模式及研究热点，对了解和掌握统计学的发展现状和核心研究群体具有重要的意义。本案例选择了统计学“四大”期刊从 2001 年到 2018 年发表的论文进行分析。

首先读入边数据文件 edge_largest.csv。利用 igraph 包中的 graph_from_data_frame() 函数构建包含 4 925 个节点和 10 191 个连边的统计学合作者网络。该网络的节点代表作者，连边代表作者之间的合作关系。在本案例的研究中，两位作者无论合作了几次，都仅仅视为有合作，因此该网络属于无权网络。最后，因为两位作者之间的合作关系是相互的、没有方向的，所以合作者网络是无向网络。该无向网络的密度为 0.084%，说明网络是非常稀疏的。

具体代码如下。

```
# 加载相应的包
library(igraph)
library(dplyr)
library(ggplot2)
# 读入数据
data = read.csv("edge_largest.csv")                # 读入边数据
# 用 graph_from_data_frame() 函数创建无向网络
g = graph_from_data_frame(data, directed = FALSE)
print(paste0('网络的节点数为: ', vcount(g)))        # 计算网络的节点数
## [1] "网络的节点数为: 4925"
print(paste0('网络的连边数为: ', ecount(g)))         # 计算网络的连边数
## [1] "网络的边数为: 10191"
print(paste0('网络的密度为: ', graph.density(g)))  # 计算网络的密度
## [1] "网络的密度为: 0.000840470584354266"
```

节点的度是衡量节点在网络中重要程度的指标之一。在无向网络中，节点的度定义为与该节点相连的连边数量。在合作者网络中，作者的度为一个作者的不同合作者数量。使用 degree() 函数计算节点的度，并绘制度分布直方图，如图 4-14 所示，可以看出，节点度的分布是严重右偏的，即大部分节点的度很小，少部分节点的度很大。这也与合作者网络的特点相符，即存在少部分作者合作者数量众多，大部分作者的合作者的数量处于较低水平。这些度较大的作者也就是合作者网络中的重要节点。

绘制度分布直方图的代码如下。

```
hist(degree(g), ylab = "频数", xlab = "度", main = " ", col = "white", ylim = c(0,5000),
xlim = c(0,120))
```

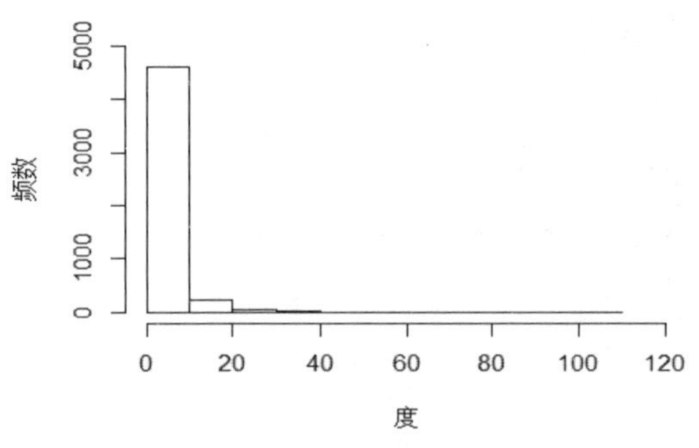


图4-14　度分布直方图

合作者网络双对数度分布图如图 4-15 所示。从图中可以看出，散点近似分布在一条斜率为负数的直线上，说明合作者网络的度分布近似服从幂律分布，也就是说少数作者的度很大，大部分作者的度很小。

绘制双对数度分布图的代码如下。

```
# 绘制双对数度分布图
# 计数
data_freq = data.frame(table(degree(g)))
data_freq$Var1 = as.numeric(as.character(data_freq$Var1))
# 绘图
plot(log(as.numeric(data_freq$Var1)), log(data_freq$Freq), xlab = "对数 - 度", ylab =
"对数 - 作者数")
```

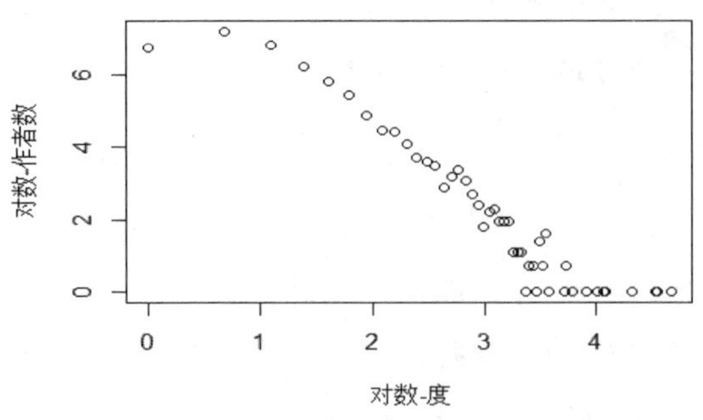


图4-15　双对数度分布图

接下来展示合作者网络中度最高的 10 位作者。排名第一的学者是来自美国得克萨斯州 A&M 大学的 Carroll, Raymond J. 教授，其度为 106，代表该学者与 106 个不同的学者合作过。排名第二的学者是来自墨尔本大学的 Hall Peter 教授。排名第三的学者是来自普林斯顿大学的范剑青

（Fan, Jianqing）教授。感兴趣的读者可以关注这几位学者的研究。

代码如下。

```
# 选择度排名前 10 的作者
# 计算节点的度并存储为数据框
degree = data.frame(deg = degree(g))
# 将节点的 name 新增为一列
degree$name = row.names(degree)
# 按照 degree 降序排列
degree = degree[order(degree$deg, decreasing = T),]
# 读入重要的作者信息
author = read.csv("author.csv")
# 匹配排名前 10 的作者信息
degree_top10 = left_join(degree[1:10, ], author)
## Joining, by = "name"
# 展示
head(degree_top10[ ,c(1:3)], 10)
##    deg       name              author
## 1  106    A7232-0 Carroll, Raymond J.
## 2   94   A18422-0         Hall, Peter
## 3   92   A13633-1       Fan, Jianqing
## 4   75   A12402-0    Dunson, David B.
## 5   59   A21046-0  Ibrahim, Joseph G.
## 6   58   A52163-1       Zeng, Donglin
## 7   55 A52370-0-2        Zhu, Hongtu
## 8   50    A6744-1        Cai, T. Tony
## 9   44   A11171-0       Dette, Holger
## 10  42   A27464-1         Liu, Yufeng
```

利用 all_shortest_paths() 函数计算出 Carroll, Raymond J. 与 Hall, Peter 之间的最短路径，代码如下。可以看出，最短路径即为两位作者，说明两位作者一起合作发表过论文。

```
all_shortest_paths(g, from = V(g)[which(V(g)$name == "A7232-0")], to = V(g)[which(V(g)$name == "A18422-0")], mode = "all")$res
```

```
## [[1]]
## + 2/4925 vertices, named, from a658a83:
## [1] A7232-0  A18422-0
```

我们使用中心性指标来识别合作者网络中有影响力的作者。中心性指标是一种识别合作者网络中最重要作者的指标。目前有许多不同的中心性度量指标，中介中心性是其中的经典方法之一。中介中心性用于衡量一个节点在其他节点之间起桥梁作用的程度。使用 betweenness() 函数计算节点的中介中心性，注意设置参数为 normalized = T。如下代码展示了中介中心性从高到低排序的前 10 位作者。我们发现结果与度前 10 的学者相差不大，其中有范剑青（Fan, Jianqing）教授、李润泽（Li, Runze）教授、林希虹（Lin, Xihong）教授及朱宏图（Zhu, Hongtu）教授等。

```
# 计算节点的中介中心性并存储为数据框
betweenness = data.frame(bet = betweenness(g, directed = F, normalized = T))
# 将节点的 name 新增为一列
betweenness$name = row.names(betweenness)
# 降序排列
betweenness = betweenness[order(betweenness$bet, decreasing = T),]
# 读入重要的作者信息
author = read.csv("author.csv")
# 匹配作者信息
betweenness_top10 = left_join(betweenness[1:10, ], author)
## Joining, by = "name"
# 展示
head(betweenness_top10[ ,c(1:3)], 10)
##          bet       name             author
## 1  0.20256092    A7232-0 Carroll, Raymond J.
## 2  0.18173234   A18422-0         Hall, Peter
## 3  0.10868542   A13633-1      Fan, Jianqing
## 4  0.06281965    A6744-1       Cai, T. Tony
## 5  0.05329917   A12402-0    Dunson, David B.
## 6  0.05238664 A27238-0-4         Lin, Xihong
## 7  0.04898336   A27022-1          Li, Runze
## 8  0.04645118   A39308-0    Robins, James M.
```

```
## 9  0.04378209 A52370-0-2          Zhu, Hongtu
## 10 0.04256474 A52373-0-0          Zhu, Lixing
```

## 4.9 本章小结

本章帮助读者了解描述网络特征的各种统计量，包括网络密度、节点的度、路径和最短距离、度中心性、接近中心性及中介中心性等指标。此外，本章还介绍了二元结构、三元结构、星状结构及共同邻居等重要网络结构。本章均提供了上述要点的相关代码示例，方便读者自行尝试。最后，本章给出了统计学科合作者网络的实际数据分析案例，能够帮助读者快速熟悉代码及了解实际应用场景。

# 第 5 章

CHAPTER 5

## 网络结构数据的经典模型

在这一章，我们会更加严格一些，假定邻接矩阵 $A$ 是随机的，即 $A_{ij}$ 是一个随机变量。在本章，大写的量代表随机的，小写的量代表实现值。本章的目的是介绍一些经典的网络结构数据模型，这些模型都试图对邻接矩阵 $A$ 进行建模，解释网络结构形成的内在原因。不同的模型涉及不同的假设条件。例如，有的模型假定网络的连边 $A_{ij}$ 都是独立的，有的模型假定网络的二元结构 $D_{ij}=(A_{ij},A_{ji})$ 是独立的。本章重点介绍指数型随机图模型、随机分块模型及潜在空间模型。本章涉及的符号较多，部分符号只适用于其出现的小节或特定模型。

# 5.1 ER随机图模型

ER 随机图模型最早由 Erdos 和 Renyi 提出，后被扩展到很多场合。ER 随机图模型假定网络中任意节点对之间是否存在连边是独立的，并且存在连边的可能性是$P\left(A_{ij}=1\right)=p$，其中$p\in\left(0,1\right)$，这等价于假设是否观察到连边，即邻接矩阵的元素$A_{ij}$服从 0-1 分布，这个分布成功的概率是$p$。假设网络的规模是$n$，那么节点的度是 0-1 分布的加总。因此，节点的度服从二项分布，参数分别是$n-1$和$p$。第一个参数之所以是$n-1$而非$n$，是因为不允许节点关注自身，因此节点的度上限是$n-1$而非$n$。

igraph 包中的 sample_gnp() 函数可以从 ER 随机图模型生成一个网络，代码如下。给定$n=100$，$p=0.01$，随机生成的网络结构图和节点度分布直方图如图 5-1 所示。在环形布局的网络结构图中不难观察到，网络中产生的连边相对较少。经计算，这个网络的密度约是 0.0095，与$p=0.01$的取值非常接近。从图 5-1 右侧的直方图可以看到，网络节点度的分布并不分散。经过简单的计算可知，度的最小值是 0，最大值是 5。由于节点的度服从参数是$n-1$和$p$的二项分布，这个分布的期望是$\left(n-1\right)p=0.99$。经计算，度的均值是 0.94，与$\left(n-1\right)p$的取值比较接近。

```
# 设置随机种子
set.seed(42)
# 由 ER 随机图模型生成网络
g = sample_gnp(n = 100, p = 0.01)
# 计算网络密度
graph.density(g)
## [1] 0.009494949
# 计算度均值
mean(degree(g))
## [1] 0.94
# 设置画布
par(mfrow = c(1, 2))
# 绘制网络结构图
plot(g, layout = layout.circle, vertex.label = " ")
# 绘制节点的度分布直方图
hist(degree(g), breaks = 5, main = " ", xlab = '度', ylab = '频数')
```

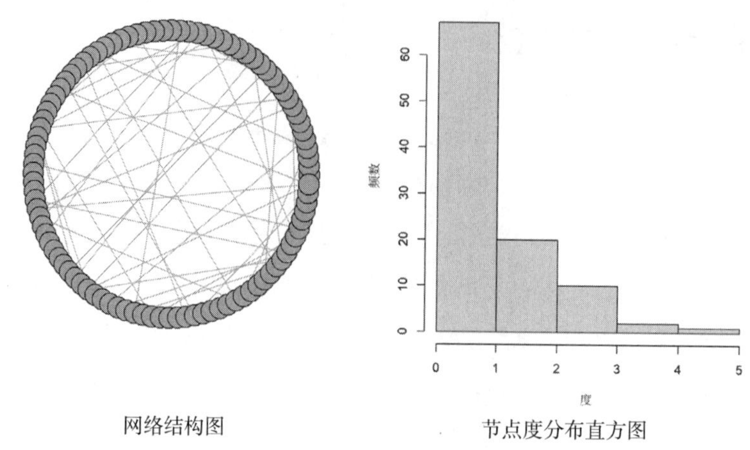


图5-1　根据ER随机图模型生成的网络结构图和节点度分布直方图

既然可以利用 ER 随机图模型生成一个网络，并且观察节点的度分布，那么是否可以只给定度的分布生成网络？答案是肯定的。igraph 包中的 sample_degseq() 函数可以实现上述需求。沿用上述设定，给定 $n=100$，$p=0.01$，从参数分别为 $n-1$ 和 $p$ 的二项分布生成 100 个随机数作为节点的度，代码如下。按照这种方式随机生成一个网络，网络结构图和节点度分布直方图如图 5-2 所示。

```
# 设置随机种子
set.seed(3)
# 从二项分布生成 100 个随机数
degree_dist <- rbinom(n = 100, size = 99, p = 0.01)
# 根据度分布生成网络
g = sample_degseq(degree_dist)
# 设置画布
par(mfrow = c(1, 2))
# 绘制网络结构图
plot(g, layout = layout.circle, vertex.label = " ")
# 绘制节点度分布直方图
hist(degree(g), breaks = 5, xlab = '度', ylab = '频数')
```

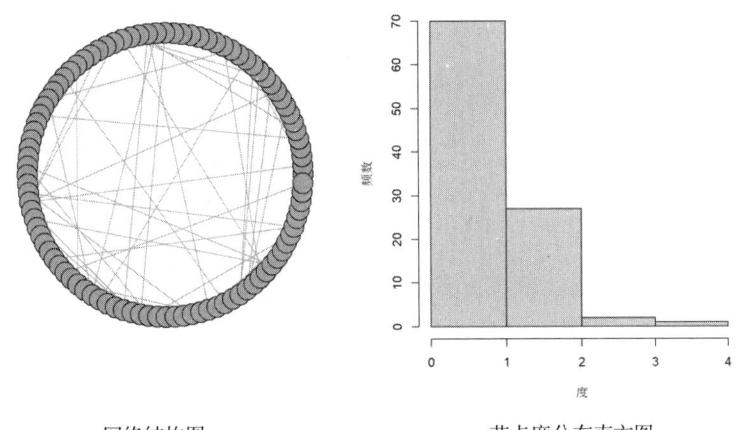


网络结构图　　　　节点度分布直方图

图5-2　给定度分布生成的网络结构图和节点度分布直方图

注：并不是给定任何的度分布都能够生成满足条件的网络，读者可以尝试其他的随机种子看看能否成功。

ER 随机图模型非常简单，缺点是无法产生复杂的网络结构。以 Facebook 的页面 - 页面网络为例，节点代表 Facebook 中属于 television shows 类型的页面，连边代表两个 Facebook 页面相互喜欢。该网络有 3 892 个节点，网络密度为 0.2%。利用如下代码计算，可发现网络包含 442 348 个 2-star 结构、7 491 010 个 3-star 结构和 87 090 个 triangle 结构。给定 $n=3\ 892$，$p=0.2\%$，生成一个网络，可以发现这个网络中只有 117 753 个 2-star 结构、303 688 个 3-star 结构和 67 个 triangle 结构，数量远少于实际数据，这表明 ER 随机图模型没有产生复杂网络结构的能力，不适合作为拟合实际网络结构数据的模型。

```
# 读取边数据
fb_edge = read.table('fb-pages-tvshow-edges.txt',sep = '\t',header = FALSE)
# 由边数据生成网络
g.fb = graph_from_edgelist(as.matrix(fb_edge),directed = FALSE)
# 计算网络密度
graph.density(g.fb)
## [1] 0.002279749
# 生成邻接矩阵
A.fb = as_adjacency_matrix(g.fb)
# 计算 2-star 与 3-star 数量
g.fb.net = network::as.network(as.matrix(A.fb), directed = F)
summary(formula(g.fb.net ~ kstar(2) + kstar(3) + triangle))
##   kstar2   kstar3 triangle
```

```
## 442348 7491010  87090
# 设置随机种子
set.seed(42)
# 由 ER 随机图模型生成网络
g.er = sample_gnp(n = 3892, p = 0.002)
# 生成邻接矩阵
A.er = as_adjacency_matrix(g.er)
# 计算 2-star 与 3-star 数量
g.er.net <- network::as.network(as.matrix(A.er),directed = F)
summary(formula(g.er.net ~ kstar(2) + kstar(3) + triangle))
##  kstar2  kstar3 triangle
##  117753  303688      67
```

# 5.2 指数型随机图模型

本节介绍最为经典的网络结构图模型：指数型随机图模型。我们从最早的$p_1$模型讲起，再过渡到马尔可夫图模型，最后给出一些扩展。指数型随机图模型的理论知识有一定难度，并非本书的重点，感兴趣的读者可以根据参考文献阅读论文原文。我们在这一节着重讲解这类模型的形式、解读方法，以及如何使用 R 语言实现实际数据分析。

## 5.2.1 $p_1$模型

指数型随机图模型是专门针对网络结构数据的模型，其中$p_1$模型是被较早提出的，其公式如下。

$$p_1(a)=P(A=a)=\exp\left\{\rho m+\theta l+\sum_i \alpha_i d_{i+}+\sum_j \beta_j d_{+j}\right\}\times\kappa\left(\rho,\theta,\{\alpha_i\},\{\beta_j\}\right)$$

先明确模型中的符号含义。$A$ 和 $a$ 分别代表邻接矩阵及其实现值。在第四章 $M$ 为双向节点对的数量；$L$ 为网络中边的数量；$D_{i+}$和$D_{+j}$为节点 $i$ 的出度和入度。上面公式中相应的小写字母分别代表这些量的实现值。$p_1$模型的基本思想是：之所以观察到邻接矩阵 $A$ 的实现值是 $a$，主要跟这个网络中双向节点对的数量、网络连边的总数、每个节点的入度和出度有关。这样一来，公式中的未知参数就具有较好的实际意义。$\rho$代表了双向关系的强度；$\theta$代表了网络的稠密程度，又称作密度参数；$\{\alpha_i\}$和$\{\beta_j\}$是个性化的，反映了每一个个体的活跃程度（对应出度）和吸引力（对应入度）。最后，$\kappa\left(\rho,\theta,\{\alpha_i\},\{\beta_j\}\right)$是一个正则化常数。想要更直观地解读这些参数的含义，需要一些更细致的推导。此处给出主要的推导过程，但仍然建议阅读提出$p_1$模型的论文。

$p_1$模型有一个非常重要的前提假设：节点对独立，即$D_{ij}=(A_{ij},A_{ji})$独立（$i<j$）。我们进而给出双向节点对、单向节点对，以及空节点对的概率记号：

$$p_{ij}=P\left(D_{ij}=(1,1)\right),i<j$$

$$q_{ij}=P\left(D_{ij}=(1,0)\right),i\neq j$$

$$n_{ij}=P\left(D_{ij}=(0,0)\right),i<j$$

给定节点对独立，可以写出以下的似然函数：

$$P(A=a)=\prod_{i<j}p_{ij}^{a_{ij}a_{ji}}\prod_{i\neq j}q_{ij}^{a_{ij}(1-a_{ji})}\prod_{i<j}n_{ij}^{(1-a_{ij})(1-a_{ji})}$$

这个形式距$p_1$模型还有一定的距离。进一步地，令：

$$\rho_{ij}=\log\frac{p_{ij}n_{ij}}{q_{ij}q_{ji}},\theta_{ij}=\log\frac{q_{ij}}{n_{ij}}$$

可以得到：

$$P(A=a)=\exp\left\{\sum_{i<j}\rho_{ij}a_{ij}a_{ji}+\sum_{i\neq j}\theta_{ij}a_{ij}\right\}\prod_{i<j}n_{ij}$$

目前模型的形式与$p_1$模型比较接近，只不过$p_1$模型在得出的这个公式的基础上设置了更多的限定条件。

首先考察$\rho_{ij}$。在$p_1$模型中，$\rho_{ij}=\rho$，即：

$$\rho=\log\frac{odds1}{odds2}$$

其中，$odds1=\frac{P\left(D_{ij}=(1,1)\right)}{P\left(D_{ij}=(0,1)\right)}$与$odds2=\frac{P\left(D_{ij}=(1,0)\right)}{P\left(D_{ij}=(0,0)\right)}$称作几率（Odds），它们的比值称作几率比（Odds-ratio）。因此，参数$\rho$本质上是一种对数几率比（Log odds-ratio）。更具体地，$\rho$可以被解读成对数化的几率增加，即在给定$A_{ji}=1$的条件下，$A_{ij}=1$的几率的增加，这就是网络双向性强度（Force of Reciprocation）的一种体现。如果$\rho>0$，并且给定$A_{ji}=1$，那么更有可能观察到$A_{ij}=1$，网络具备双向性的特征。

针对$\theta_{ij}$，$p_1$模型给出的限制是$\theta_{ij}=\theta+\alpha_i+\beta_j$，其中$\sum_i\alpha_i=\sum_j\beta_j=0$。我们做一个极端的假设，令$\rho$、$\{\alpha_i\}$和$\{\beta_j\}$全都为0，这等价于假设网络中的连边$A_{ij}$是独立的，即$p=P(A_{ij}=1)$。

这个模型即 ER 随机图模型。这样一来，$\theta=\log\left\{\frac{p}{1-p}\right\}$，这个参数与网络的密度密切相关，因此也称为密度参数。如果令$\rho$和$\{\beta_j\}$全都为 0，等价于假设$p_i=P(A_{ij}=1)$，即假设节点$i$与$j$产生连边的概率取决于$i$。这样一来，$\theta+\alpha_i=\log\left\{\frac{p_i}{1-p_i}\right\}$。那么，$\alpha_i$代表了节点$i$的活跃程度。同理，$\beta_j$代表节点$j$的吸引力。

关于$p_1$模型有以下几点说明。第一，这个模型有着非常优秀的解读能力。如上所述，网络的密度、双向关系的强度及个体的活跃程度和吸引力都可以被表达，比 ER 模型更能够描述现实中网络结构数据的情形。第二，模型要求节点对独立，即$D_{ij}=(A_{ij},A_{ji})$独立（$i<j$）。这个假定非常严格，同时也是$p_1$模型的主要局限，因为$p_1$模型没有办法表达更高阶的网络结构（如传递性）。第三，$p_1$模型的估计并没有那么容易，幸运的是，R 语言的 ergm 包直接提供了模型的估计结果输出。

## 5.2.2 马尔可夫随机图模型

Frank 和 Strauss 提出了马尔可夫随机图模型（Markov Random Graphs）。我们给出一个针对无向网络的简单版本，这也是在实际数据分析中使用最多的一个马尔可夫随机图模型。

$$P(A=a)=\left(\frac{1}{\kappa}\right)\exp\{\theta L(a)+\sigma_2 S_2(a)+\sigma_3 S_3(a)+\tau T(a)\}$$

其中，$L(a)$是网络中连边的数量，$S_2(a)$和$S_3(a)$分别是网络中2-star和3-star的数量，$T(a)$是网络中三角形的数量。这些符号的记录方式可能与以往章节略有不同，这是为了尽量跟文献保持一致，读者应该不会为此困惑。公式中的参数含义如下：$\theta$是密度参数，含义与$p_1$模型中的$\theta$是一致的；$\sigma_k$是$k$-star结构对应的参数，$\tau$是三角形结构对应的参数；以$\tau$为例，如果其估计为正且取值较大，代表网络更容易形成三角形的结构，也就是网络具有较强的传递性。马尔可夫随机图模型的一个强大之处在于其表达了网络的传递性（三角形结构）。传递性在网络中普遍存在，但是如$p_1$模型就无法表达网络的这个特性。如果星状结构和三角形的效用都是0，即$\sigma_2=\sigma_3=\tau=0$，那么这个公式表示的就是ER随机图模型。

## 5.2.3 新的扩展

虽然马尔可夫随机图模型的解释性很好，能够表达更高阶的网络结构，但是大量的实际数据分析表明，这个模型的拟合效果较差。一个自然的想法是通过加入更高阶的$k$-star 结构来改善拟合效果，但是这样做会给模型的估计带来很多挑战。为了解决这一问题，Snijders et al.（2006）提出了几个改进方案：使用交替的$k$-stars（Alternating $k$-stars）、交替的$k$-triangles（Alternating $k$-triangles）、交替的独立 2 步路径（Alternating Independent Two-paths）。本节具体介绍前两个统计量。

交替的 $k$-stars 具有如下形式：

$$\mathrm{AKS}_{\lambda}\left(a\right)=\sum\nolimits_{k=2}^{n-1}(-1)^{k}\frac{S_{k}\left(a\right)}{\lambda^{k-2}}$$

其中 $\lambda>1$。这个量的构造思路主要来源于实际网络数据的分析经验。大量的实际数据分析表明，马尔可夫图模型中高阶的星状结构（如3-star）对应的参数估计与低一阶的星状结构（如2-star）对应的参数估计互为相反数，并且估计的绝对值随着星状结构的阶数增加而越来越小。更具体地，$\sigma_{k+1}$ 的估计与$-\frac{\sigma_k}{\lambda}$的估计非常接近（$k\geqslant 2$），其中 $\lambda$ 的取值大于1。回到交替的$k$-stars统计量，我们依次写出星状结构$S_2\left(a\right),S_3\left(a\right),S_4\left(a\right)\cdots$对应的权重：$1,\frac{-1}{\lambda},\frac{1}{\lambda^2},\cdots$这些权重的符号不断正负交替，且权重的绝对值越来越小。这样一种设计使得模型对实际数据的拟合效果更好。通常，选择 $\lambda=2$ 能够产生较好的实际效果。

改进后的模型只剩下一个对应星状结构的参数：$\sigma_2$，它又称作交替的 $k$-star 参数。如何解读 $\sigma_2$ 是非常重要的。这里参考 Robins et al.（2007）给出详细的解释。如果 $\sigma_2$ 的估计为正数，说明网络中更有可能出现度极高的节点，如果 $\sigma_2$ 的估计为负数，说明网络中不太可能有度极高的节点，所有节点的度的方差相对较小。更具体地，Snijders et al.（2006）指出，如果密度参数 $\theta$的估计为负数，$\sigma_2$ 的估计为正数，网络的连边更可能产生在大部分度较小的节点和小部分度较大的节点之间。这种网络结构又叫做核心－附属结构（Core-periphery Structure，也称中心－外围结构），即小部分度较大的节点是核心节点，大部分度较小的节点是附属节点。参数 $\lambda$ 能够控制这种结构的强度。$\lambda$ 的取值越大，越倾向于产生度极大的核心节点。

与交替的 $k$-stars 等价的一个统计量是几何加权度（Geometrically Weighted Degree, GWD），这个统计量在实际应用中更加常用，公式如下。

$$\mathrm{GWD}_{\gamma}\left(a\right)=\sum\nolimits_{d=0}^{n-1}e^{-\gamma d}N_{d}\left(a\right)$$

其中 $N_d\left(a\right)$ 是网络中度为 $d$ 的节点的个数，$\gamma=\log\left\{\frac{\lambda}{\lambda-1}\right\}$。

接下来介绍交替的 $k$-triangles。$k$-triangles 是无向图中三角形结构的一个拓展，它是指共享一条边的 $k$ 个不同的三角形，如图 5-3 所示。令 $T_k\left(a\right)$ 代表 $k$-triangles 的数量，交替的 $k$-triangles 统计量具有如下形式。

$$\mathrm{AKT}_{\lambda}\left(a\right)=\sum\nolimits_{k=2}^{n-1}(-1)^{k}\frac{T_{k}\left(a\right)}{\lambda^{k-2}}$$

这个量不是单纯地表达三角形结构，而是能够体现三角形结构的一种聚簇效应，即 clumps。

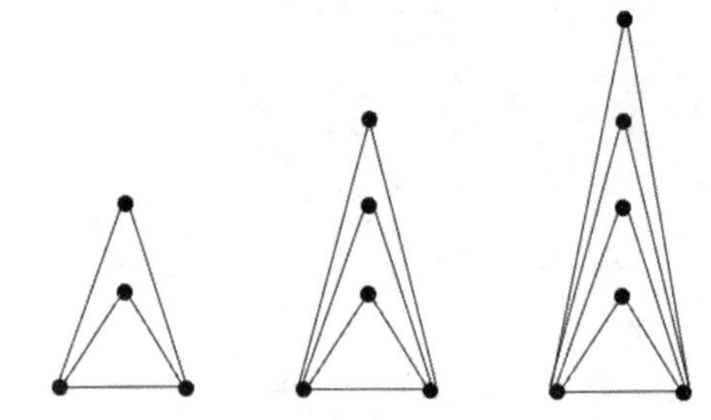

图5-3 2-triangles，3-triangles，4-triangles示意图

虽然交替的 *k*-stars 结构和交替的 *k*-triangles 结构能够产生很好的拟合效果，但是实际数据往往非常复杂，需要尝试多种模型并且进行拟合优度和解释能力的平衡。此外，还有一些具有共享性质的统计量在实际应用中效果较好，如共享连边的统计量等。更多细节读者可以参考 Hunter（2007）。

### 5.2.4 律师合作网络示例

我们以 R 语言 sand 包中的 lazega 数据集为例，演示指数型随机图模型的建立及估计。这个数据集是律师的合作网络，共包含 36 个节点和 115 条边，网络的密度是 18.25%。在这个部分，我们要使用 R 语言的 ergm 包，这个包能够提供指数型随机图模型的模型建立及估计等。

首先，利用 as.network() 函数将网络转换成建模所需要的形式。先建立最简单的边模型，即 ER 随机图模型。通过模型的汇总统计也可以验证数据集的边数是 115。这个模型的估计很容易，边对应的系数估计是 -1.5 并且统计显著（给定 5% 的显著性水平）。具体代码如下。

```
# 加载 sand 包, 调用 lazega 数据集
library(sand)
data(lazega)
# 生成邻接矩阵 A、自变量 x( 数据框格式 )
A = get.adjacency(lazega)
x = get.data.frame(lazega, what = "vertices")
# 建模所需网络格式 lazeganet
lazeganet = as.network(as.matrix(A), directed = F)
# 添加用于建模的节点属性 Office
network::set.vertex.attribute(lazeganet, "Office", x$Office)
# 固定随机种子
set.seed(42)
```

```
# ER 随机图模型只有边统计量
model.er = formula(lazeganet ~ edges)
# 模型汇总
summary(model.er)
## edges
##   115
# 模型估计
model.er.fit = ergm(model.er)
summary(model.er.fit)
## Call:
## ergm(formula = model.er)
##
## Maximum Likelihood Results:
##
##       Estimate Std. Error MCMC % z value Pr(>|z|)
## edges  -1.4992     0.1031      0 -14.54   <1e-04 ***
## ---
## Signif. codes:  0 '***' 0.001 '**' 0.01 '*' 0.05 '.' 0.1 ' ' 1
##
##      Null Deviance: 873.4  on 630  degrees of freedom
##  Residual Deviance: 598.8  on 629  degrees of freedom
##
## AIC: 600.8  BIC: 605.2  (Smaller is better. MC Std. Err. = 0)
```

接下来，我们尝试建立马尔可夫随机图模型及一些扩展，代码如下。triangle 通过模型的汇总统计可以看到，网络中有 926 个 2-star，2 681 个 3-star，以及 120 个 triangle。这说明这个网络中的星状结构是比较丰富的。可惜的是，R 语言的算法并没有给出这个模型收敛的估计。作为拓展，我们又尝试了交替的 *k*-star 模型。遗憾的是，这个模型也没有获得收敛的估计。读者在分析实际数据时可能会感受到指数型随机图模型的局限，那就是 R 语言自带的函数很难得到收敛的估计，模型的设计需要精心调整。

```
# 固定随机种子
set.seed(42)
```

```
# 马尔可夫随机图模型
model.star = formula(lazeganet ~ edges + kstar(2) + kstar(3)
           + triangle)
summary(model.star)
##    edges   kstar2   kstar3 triangle
##      115      926    2 681      120
# 模型的估计并不收敛
# model.star.fit = ergm(model.star)
# 固定随机种子
set.seed(42)
# 交替的 k-star 模型
model.alt = formula(lazeganet ~ edges + gwesp(1, fixed = T))
summary(model.alt)
##         edges gwesp.fixed.1
##      115.0000      213.1753
# 模型不收敛
# mode.alt.fit = ergm(model.alt)
```

上文提到，指数型随机图模型的收敛问题一直困扰着实际数据分析工作。一个可能有帮助的办法是引入跟节点属性有关的自变量。此处我们稍做展开，讨论一下自变量的设置。可以用于指数型随机图模型的自变量一般具有如下形式：

$$f(a,x)=\sum_{1\leqslant i<j\leqslant n} a_{ij}h\left(x_i,x_j\right)$$

其中，$x_i$ 是节点 $i$ 的属性，如年龄、性别等。$h(,)$ 的选择有很多，此处给出一个接下来要用到的函数。具体地，$x_i$ 可以是离散型的变量，例如，$x_i$ 代表性别，取值为男性或女性，那么，$h\left(x_i,x_j\right)=I\left(x_i=x_j\right)$，其中$I(\ )$是示性函数，当 $x_i=x_j$ 时取值为1，否则取值为0。

我们选择 lazega 数据集中节点的属性“Office”，这个变量代表节点的工作地点（共 3 个水平）。令 $h\left(x_i,x_j\right)=I\left(x_i=x_j\right)$，代表节点 $i$ 和 $j$ 是否在同一工作地点。那么，$\sum_{1\leqslant i<j\leqslant n} a_{ij}h\left(x_i,x_j\right)$ 这个自变量就是一个简单的计数，计算的是在网络中相连并且同属一个工作地点的节点对。我们期望这个系数估计是正的，这代表处在同一工作地点的两个节点更有可能产生联系。模型的估计结果也如期望的一样。具体代码如下。

```
set.seed(42)
```

```
# gwesp:
model.alt.x = formula(lazeganet ~ edges + gwesp(1, fixed = T)
            + match("Office"))
summary(model.alt.x)
##          edges    gwesp.fixed.1 nodematch.Office
##       115.0000        213.1753          85.0000
model.alt.x.fit = ergm(model.alt.x)
summary(model.alt.x.fit)
## Call:
## ergm(formula = model.alt.x)
##
## Monte Carlo Maximum Likelihood Results:
##
##                  Estimate Std. Error MCMC % z value Pr(>|z|)
## edges            -3.77989    0.23778      0 -15.896  <1e-04 ***
## gwesp.fixed.1     0.71442    0.09724      0   7.347  <1e-04 ***
## nodematch.Office  0.72436    0.16217      0   4.467  <1e-04 ***
## ---
## Signif. codes:  0 '***' 0.001 '**' 0.01 '*' 0.05 '.' 0.1 ' ' 1
##
##      Null Deviance: 873.4  on 630  degrees of freedom
##  Residual Deviance: 498.4  on 627  degrees of freedom
##
## AIC: 504.4  BIC: 517.7  (Smaller is better. MC Std. Err. = 0.4977)
```

在第四章我们提到，网络的部分节点及这些节点之间的连边构成了子图，如二元结构、三元结构等。在指数型随机图模型中，这些被使用的子图又称作布局，用$H$记录。指数型随机图模型的一般形式可以写作：

$$P(A=a)=\frac{1}{\kappa}\exp\left\{\sum_H \eta_H g_H(a)\right\}$$

其中：

（1）求和是针对各种布局$H$的。以马尔可夫随机图模型为例，$H$包括 2-star、3-star、三角形等。布局$H$的选择和各种组合对应着不同的图模型。

（2）$\eta_H$是针对$H$的未知参数，需要估计。

（3）$g_H(a)$是与$H$相关的网络统计量。以马尔可夫随机图模型为例，如果$H$代表三角形，那么$g_H(a)$就是网络中三角形的数量。

（4）$\kappa$是个标准化参数，用来保证模型是合理的概率分布。

## 5.3 随机分块模型

本节讲解随机分块模型（Stochastic Block Model）。在介绍随机分块模型之前，先看一下图 5-4。图 5-4 的 3 个图代表同一个邻接矩阵，其中黑点表示邻接矩阵中的值为 1，白点表示值为 0。不同的是，3 个邻接矩阵中每行每列代表的节点顺序不同。通过改变节点顺序，可以发现邻接矩阵中存在“块”结构，如中间图中左下角和右上角黑点较密集的区域。此外，随着节点顺序的不同，还可以发现不同的“块”结构，如 5-4 右图所示。随机分块模型是一个基于节点块的划分来生成网络的模型，是网络社区结构建模的重要工具。这一节重点介绍两种随机分块模型，分别是简单随机分块模型和度修正的随机分块模型。

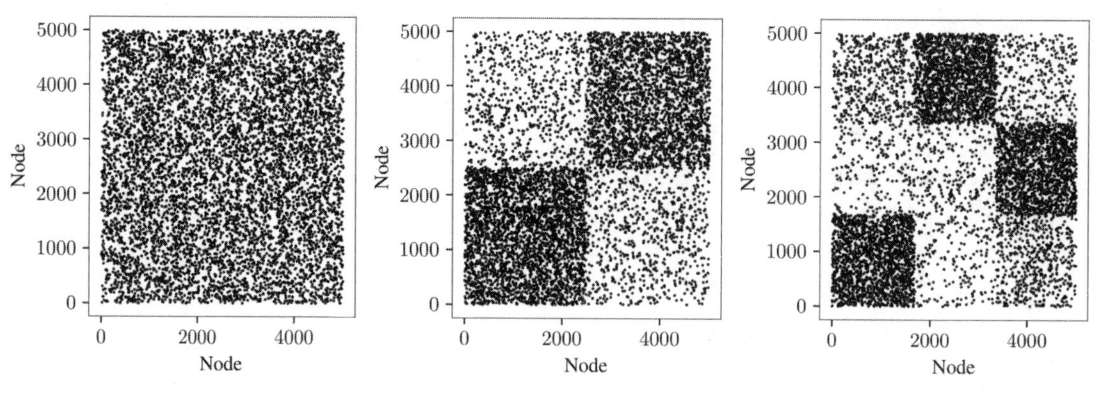


图5-4　邻接矩阵分块示意图

### 5.3.1 简单随机分块模型

简单随机分块模型可以用来生成一个无权网络。为了更直观地理解简单随机分块模型，我们从一个例子入手。如图 5-5 左图所示，这是由简单随机分块模型生成的一个网络，该网络有 90

个节点。节点被分为 3 组，分别是节点 1- 节点 25（组 1）、节点 26- 节点 55（组 2）和节点 56- 节点 90（组 3）。比较特别的一点是，该网络中同一组内两个节点之间有连边的概率为 0.8，不同组之间两个节点有连边的概率为 0.05。例如，节点 1 与节点 2- 节点 25 之间有连边的概率均为 0.8，而且节点 1 与组 2 中的节点和组 3 中的节点连接的概率相等，均为 0.05。因此，相比于不同组之间，同一组的节点之间连接更为紧密。

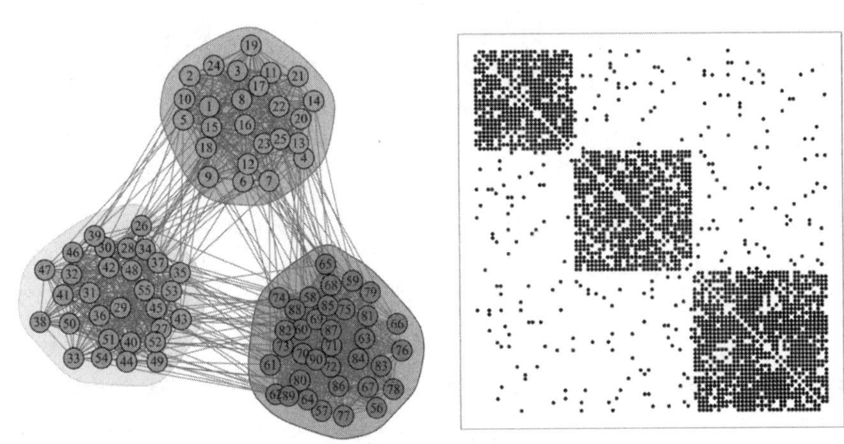

图5-5　简单随机分块模型生成的网络及其邻接矩阵示例

从上述例子可以看出，在简单随机分块模型中有两个关键元素：组成员向量 $Z_i$ 和块矩阵 $C$。组成员向量 $Z_i=(Z_{i1},\ldots,Z_{ik},\ldots,Z_{iK})'$ 是个 $K$ 维向量，$K$ 是组数。$Z_{ik}=1$ 表示节点 $i$ 属于组 $k$，$Z_{ik}=0$ 表示节点 $i$ 不属于组 $k$。在简单随机分块模型中，$Z_i$ 只有一个元素为 1，其余都为 0，即一个节点只属于一个组。在上述例子中，节点 1、节点 30、节点 80 分别属于组 1、组 2、组 3，则有 $Z_1=(1,0,0)'$，$Z_{30}=(0,1,0)'$，$Z_{80}=(0,0,1)'$。进一步地，定义 $n\times K$ 的矩阵 $Z=(Z_1,Z_2,\ldots,Z_n)'$。

块矩阵 $C$ 是个 $K\times K$ 的矩阵。对于无向网络，$C_{k_1k_2}\in[0,1]$，$1\leqslant k_1\leqslant k_2\leqslant K$ 代表了组 $k_1$ 中的节点和组 $k_2$ 中节点产生连边的概率，因此 $C$ 是对称的。对于有向网络，$C_{k_1k_2}$，$1\leqslant k_1,k_2\leqslant K$ 代表了从组 $k_1$ 中的节点到组 $k_2$ 中节点有一条有向边的概率，因此 $C$ 不一定是对称的。注意，$C$ 的行和与列和不一定需要为 1。上述例子中：

$$C=\begin{pmatrix}0.8 & 0.05 & 0.05\\ 0.05 & 0.8 & 0.05\\ 0.05 & 0.05 & 0.8\end{pmatrix}$$

给定了 $Z$ 和 $C$ 后，不管网络是否有向，$A_{ij}$ 服从一个成功概率是 $Z_i'CZ_j$ 的伯努利分布，并且对于 $(i,j)\neq(r,s)$，$A_{ij}$ 与 $A_{rs}$ 独立。由此可以得出，任意两个组 $k_1$ 和 $k_2$ 之间的边数是一个二项分布随机变量，其均值等于 $C_{k_1k_2}$ 与节点对数量的乘积。对于无向网络和有向网络，节点对数量分别是

$\frac{N_{k_1}N_{k_2}}{2}$和$N_{k_1}N_{k_2}$，其中$N_k$表示第$k$个组的节点数量，即矩阵$Z$的第$i$列的非零元素数量。如图 5-5 右图是左图的邻接矩阵，其中黑点表示值为 1，白点表示值为 0。可以计算出每对组之间连边密度为：

$$\begin{pmatrix} 0.817 & 0.049 & 0.041 \\ 0.049 & 0.784 & 0.05 \\ 0.041 & 0.05 & 0.808 \end{pmatrix}$$

给定$Z$和$C$后，可以写出似然函数。如果网络是无向的，且假设没有节点指向自己的连边，似然函数如下：

$$\begin{aligned} \pi(A \mid Z,C) &= \prod_{i<j}^{n} \pi(A_{ij} \mid Z,C) \\ &= \prod_{i<j}^{n} \left[ \left(Z_i'CZ_j\right)^{A_{ij}} \left(1 - Z_i'CZ_j\right)^{(1-A_{ij})} \right] \end{aligned}$$

如果网络是有向的，只需将上式中的$i<j$换成$i \neq j$。此外，还可以换一种方式来表示似然函数：

$$\pi(A \mid Z,C) = \prod_{k_1 \leqslant k_2}^{K} C_{k_1k_2}^{E_{k_1k_2}} \left(1 - C_{k_1k_2}\right)^{N_{k_1k_2} - E_{k_1k_2}}$$

其中$N_{k_1k_2} = \frac{N_{k_1}N_{k_2}}{2}$，$k_1 \neq k_2$；$N_{k_1k_2} = \frac{N_{k_1}\left(N_{k_1} - 1\right)}{2}$，$k_1 = k_2$。$E_{k_1k_2}$是组$k_1$和$k_2$之间连边的数量。注意，此公式是针对无向网络的似然函数，有向网络的似然函数读者可以自行推导。

然而处理实际数据时，通常事先并不知道$Z$和$C$，因此在建模和推断之前，需要做一些假设。对于$i,j=1,2,\ldots,n$，$i \neq j$，假设$Z_i$与$Z_j$先验独立。此外，假设$P(Z_{ik}=1)=\theta_k$，其中$\theta_k$是$K$维向量$\theta=(\theta_1,\theta_2,\ldots,\theta_K)'$的第$k$个元素，且满足$\sum_{k=1}^{K}\theta_k=1$。本质上，$Z_i$服从概率为$\theta$的多项分布，则$Z$的先验密度为：

$$\pi(Z \mid \theta) = \prod_{i=1}^{n} Z_i'\theta = \prod_{i=1}^{n} \theta^T Z_i = \prod_{k=1}^{K} \theta_k^{N_k}$$

另外还可以假设$C$的先验分布，结合似然函数，通过蒙特卡洛方法来估计这些参数。此处不再详细介绍估计方法。

这里要明确的是，虽然节点对之间有连边的概率仅仅依赖于它们所在的组，但是并不一定要求同一组中节点连接更紧密。也就是说，$C$的对角线元素不一定要比其他元素的值大。通过设置不同的$C$，可以生成许多不同结构的网络，如图 5-6 所示（Funke and Becker, 2019）。图 5-6 中的$3\times3$方格表示$C$，颜色越深代表$C$中对应的值越大，生成的网络如方格左图所示。图（a）中$C$的对角线元素较大，非对角线元素较小，则生成的网络组内连接相比组间连接更多，这种结构称为同类相聚结构，通常也是后文将要介绍的社区发现的目的。图（b）中 $C$ 的对角线元素较小，非对角线元素较大，则生成的网络组间连接比组内连接更多，这种结构称为异类相聚结构。图（c）和图（d）分别生成了具有中心—边缘结构和层次结构的网络。

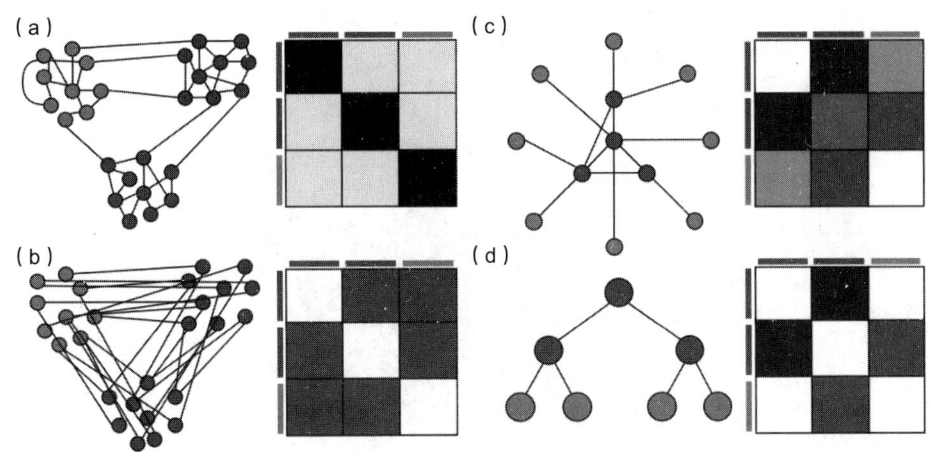


图5-6　简单随机分块模型生成的不同结构的网络

igraph 包中的 sample_sbm() 函数可以实现从简单随机分块模型生成一个网络，代码如下。给定 $n=100$，$C=\begin{pmatrix} 0.3 & 0.002 \\ 0.002 & 0.08 \end{pmatrix}$，节点 1-30 为组 1，节点 31-100 为组 2，随机生成的网络结构图如图 5-7 所示。可以发现，一方面，组内连接相比组间连接更为紧密；另一方面，组 1 内部连接比组 2 内部连接更加紧密。

```
# 构建块矩阵
pm = cbind(c(0.3, 0.002), c(0.002, 0.08))
# 设置随机种子
set.seed(42)
# 由简单随机分块模型生成网络
g = sample_sbm(100, pref.matrix = pm, block.sizes = c(30,70))
# 设置节点组别
V(g)$group = c(rep(1, 30),rep(2, 70))
# 绘制网络结构图
plot(g,
    layout = layout.kamada.kawai,
    vertex.label = " ",
    vertex.size = 4,
```

```
vertex.color = V(g)$group)
```

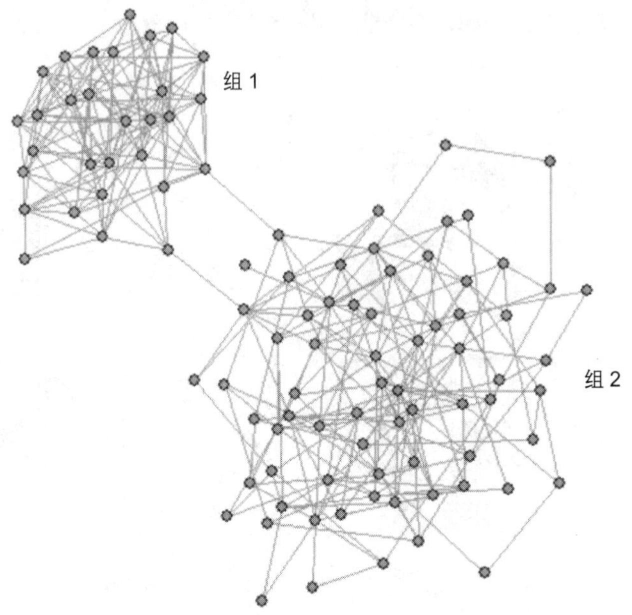


图5-7 简单随机分块模型生成网络示例

## 5.3.2 度修正的随机分块模型

Karrer and Newman（2011）提出了度修正的随机分块模型（Degree-corrected Stochastic Block Model）。这个模型对简单随机分块模型主要做了如下两方面的扩展。

一方面，简单随机分块模型只适用于生成无权网络，度修正的随机分块模型将其扩展到有权网络，具体做法是将$A_{ij}$定义为节点对$(i,j)$之间连边数量，并且服从泊松分布；$C_{k_1k_2}$定义为从组$k_1$中的一个节点到组$k_2$中的一个节点连边数量的期望。则$A_{ij}$的概率密度函数为：

$$\pi\left(A_{ij} \mid Z,C\right)=(A_{ij}\,!)^{-1}\exp(-Z_i'CZ_j)\left(Z_i'CZ_j\right)^{A_{ij}}$$

另一方面，在简单随机分块模型中，给定了$Z$和$C$，同一组的节点度的期望值是相同的。然而现实世界的网络具有广泛的度分布，如无标度（Scale Free）网络。为了突破这一限制，度修正的随机分块模型引入了新的参数$\varphi_i$，$i=1,2\ldots n$，满足对每个组$k$，$\sum_{i=1}^{n}\varphi_i 1\left\{Z_{ik}=1\right\}=1$。这样节点对$(i,j)$之间连边数量的期望变为$\varphi_i\varphi_j Z_i'CZ_j$，$A_{ij}$的概率密度函数变为：

$$\pi\left(A_{ij} \mid Z,C,\varphi\right)=(A_{ij}\,!)^{-1}\exp\left(-\varphi_i\varphi_j Z_i'CZ_j\right)\left(\varphi_i\varphi_j Z_i'CZ_j\right)^{A_{ij}}$$

其中$\varphi=(\varphi_1,\varphi_2,\dots,\varphi_n)'$。这就是度修正的随机分块模型。参数$\varphi_i$和$C_{k_1k_2}$的极大似然估计分别为节点$i$的度与节点$i$所在组的所有节点的度之和的比值，以及组$k_1$和组$k_2$之间的总边数，具有非常直观的解释。

## 5.3.3 其他扩展

除度修正的随机分块模型外，随机分块模型还有许多其他扩展。本节简单介绍两种常用的不同方面的扩展。

1. 带协变量的随机分块模型

Tallberg（2004）提出的模型中$Z$依赖于协变量$x$。具体来说，假设$x_i$，$i=1,2,\cdots,n$是一个$d$维向量。则对于节点$i$，其组成员向量为$Z_i=\underset{k}{\operatorname{argmax}}\left(x_i'\beta_k+\varepsilon_{ik}\right)$，其中$\beta_k$是与组$k$相关的一个$d$维向量，$\varepsilon_{ik}$是误差项，服从独立同分布的高斯分布。这样，协变量$x_i$就通过$\{\beta_1,\beta_2\dots\beta_K\}$决定了$Z_i$。

2. 混合成员随机分块模型

前两节介绍的简单随机分块模型和度修正的随机分块模型都仅考虑了一个节点属于一个组的情况。然而现实世界网络中，一个节点有可能属于多个组。Airoldi et al.（2008）提出的混合成员随机分块模型（Mixed Membership Stochastic Block Model）解决的就是这类问题。在这个模型中，对于节点$i$，$Z_i$被替换成$K$维向量$\theta_i$，不同于$Z_i$只有一个元素为 1 其余都为 0，$\theta_i$中每个元素都是非负的且和为 1，代表了节点$i$在每个组的概率。例如，图 5-5 中的$Z_1=(1,0,0)'$可以被替换为$\theta_1=(0.7,0.1,0.2)'$，这意味着节点 1 分别有 70%、10% 和 20% 的可能在组 1、组 2 和组 3 中。这样一来，我们就要考虑节点 1 在和其他节点产生连边的时候，它是属于哪个组。以无向网络为例，对于每个节点对$(i,j)$，从概率为$\theta_i$的多项分布中抽取$M_{ij}$。$M_{ij}$是一个$K$维向量且只有一个元素为 1，代表了节点$i$在与节点$j$产生连边的时候是在哪个组。例如，如果从$\theta_1$抽取出$M_{12}=(0,0,1)'$，且$M_{13}=(1,0,0)'$，则代表当考虑$A_{12}$时节点 1 属于组 3，当考虑$A_{13}$时节点 1 属于组 1。由于每个$M_{ij}$都是一个$K$维向量，所以$M_{ij}$的集合$M$就是一个$n\times n\times K$的数组。$M$的先验密度为：

$$\pi(M\mid\theta)=\prod_{i\neq j}^{n}M_{ij}'\theta_i\times M_{ji}'\theta_j$$

其中$\theta=(\theta_1,\theta_2,\cdots,\theta_n)'$。似然函数为：

$$\pi(A\mid M,C)=\prod_{i\leqslant j}^{n}\left[\left(M_{ij}'CM_{ji}\right)^{A_{ij}}\left(1-M_{ij}'CM_{ji}\right)^{(1-A_{ij})}\right]$$

# 5.4 潜在空间模型

不同于前文提到的指数型随机图模型，Hoff et al.（2002）提出的潜在空间模型（Latent Space Model）假定节点生活在一个潜在的社会空间，这个空间是不可观测的。如果两个节点在这个空间中的位置非常接近，那么其在现实世界中产生连边的概率会相对更大。用$Z_i$记节点$i$在潜在空间中的位置，假定这是个$d$维的随机变量。实际应用中，$d$的维数不会太高，$d=2$是常见的选择。潜在空间模型假定条件独立性：给定可以观测到的自变量$X$及潜在空间位置$Z$，网络中的连边是条件独立的。在这个假定条件下，模型可以写作如下形式。

$$P\left(A \mid Z, X, \theta\right)=\prod_{i \neq j} P(a_{ij} \mid z_i, z_j, x_{ij}, \theta)$$

在这个公式中，$\theta$是未知的待估参数，$x_{ij}$是可以观测到的自变量的实现值，假设维度是$p$。$z_i$是潜在空间位置$Z_i$的实现值。

可以看出，与传统的回归模型不同，潜在空间模型的自变量带有两个下标。我们给出几个具体的例子帮助读者理解。

（1）如果节点$i$和节点$j$有共同的属性（同一性别、属于同一地域），$x_{ij}$取值为 1，否则$x_{ij}$取值为 0。具有共同属性的节点更容易在网络中产生联系，这种特征称作同质性，是一种非常重要的属性，也是俗话“物以类聚，人以群分”的一种体现。

（2）$x_{ij}$可以代表节点$i$和节点$j$的某种差异，如两人年收入之差的绝对值。一般情况下，节点$i$和节点$j$的这种社会性差异越大，形成联系的可能性越小。

（3）$x_{ij}$只与某个节点有关，如节点$j$的知名度。社交平台上，节点$j$的知名度越高，其他节点关注节点$j$的可能性越大。

Hoff et al.（2002）给出了 2 个具体的潜在空间模型形式，接下来具体介绍。

## 5.4.1 距离模型

一个将$P\left(a_{ij} \mid z_i, z_j, x_{ij}, \theta\right)$参数化的模型是逻辑回归模型，其中两个节点之间产生联系的概率取决于$z_i$和$z_j$之间的距离，以及相应的自变量$x_{ij}$：

$$\begin{aligned}\eta_{ij} &= \operatorname{logodds}\left(a_{ij}=1 \mid z_i, z_j, x_{ij}, \alpha, \beta\right) \\ &= \alpha+\beta' x_{ij}-d_{ij}\end{aligned}$$

其中$\alpha$和$\beta$是未知参数，$d_{ij}$是某种满足三角不等式的距离，即$d_{ik} \leqslant d_{ij}+d_{jk}$。实际应用中，倾向于选择低维空间中的欧氏距离。

通过公式可以看出，潜在空间模型能够表达网络结构中的双向性和传递性。我们给出一些通俗的解释。如果节点$i$关注了节点$j$，节点$j$关注了节点$k$，这暗示着节点$i$和节点$j$在潜在空间的距离相对较小（即$d_{ij}$取值较小），以及节点$j$和节点$k$在潜在空间的距离相对较小（即$d_{jk}$取值较小）。由于$d_{ji}=d_{ij}$，$d_{ik}\leqslant d_{ij}+d_{jk}$，因此$d_{ji}$和$d_{ik}$的取值也会相对较小。我们期望如下。

（1）节点$j$关注节点$i$的概率相对较大。给定节点$i$关注了节点$j$，这就是双向性。

（2）节点$i$关注节点$k$的概率相对较大。给定节点$i$关注了节点$j$，节点$j$关注了节点$k$，这就是传递性。

## 5.4.2 投影模型

前文介绍的距离模型中的距离函数$d_{ij}$本质上具有一定的对称性，然而，在许多网络中，这种对称性是无法满足的。考虑以下场景：节点$i$和节点$j$共同关注了一部分节点，这说明它们非常相似。但是节点$i$还关注了其他很多节点，其出度较大，在网络中很活跃。

假设每个节点$i$有一个相关的单位长度的$k$维特征向量$v_i$，这些特征可以看作是单位半径的$k$维球面上的点。可以想象，如果节点$i$和节点$j$之间的夹角很小，它们就容易产生联系；如果角度是直角，它们产生联系的概率是中立的；如果角度是钝角，它们就不容易产生联系。这三种情况分别对应$v_i'v_j>0$，$v_i'v_j=0$和$v_i'v_j<0$。换句话说，如果节点$i$和节点$j$的特征在同一方向，那么节点$i$和节点$j$更有可能产生联系，而如果它们的特征在相反方向，那么它们产生联系的可能性就很小。为每个节点添加一个允许不同级别活跃度的参数，这等同于节点潜在的向量长度不同。令$a_i>0$为参与者节点$i$的活跃水平，则节点$i$到节点$j$的概率模型依赖于$a_iv_i'v_j$的大小，或者等价于$\dfrac{z_i'z_j}{|z_j|}$，其中$z_i=a_iv_i$。为方便起见，节点$i$到节点$j$的概率同样使用逻辑回归模型表示，具体如下。

$$\text{logodds}\left(a_{ij}=1\mid z_i,z_j,x_{ij},\alpha,\beta\right)=\alpha+\beta'x_{ij}+\frac{z_i'z_j}{|z_j|}$$

## 5.4.3 其他扩展

潜在空间模型有很多扩展，但大多都有一个一般形式，即：

$$P\left(a_{ij}=1\mid z_i,z_j,x_{ij},\alpha,\beta\right)=g^{-1}\left[\alpha+\beta'x_{ij}+\psi\left(z_i,z_j\right)\right]$$

其中$\psi(,)$是一个对称函数，$g(\ )$是一个已知的变换函数。潜在空间位置$Z$对此公式的影响很大程度上取决于$\psi(,)$的形式，模型的扩展也主要集中在设计不同的$\psi$函数。Sosa and Buitrago（2021）整理了较为经典的潜在空间模型的扩展，如表5-1所示。其中第一个潜在类别模型实际上就是随机分块模型的扩展。在潜在类别模型中节点$i$的潜在类别$z_i \in \{1\ldots K\}$，$\varphi(z_i,z_j)=(\min\{z_i,z_j\},\max\{z_i,z_j\})$。$C=(C_{k_1k_2})$是个$K\times K$的矩阵且$0<C_{k_1k_2}<1$，含义与简单随机分块模型中的$C$相同。其他模型的介绍可以参考Sosa and Buitrago（2021）。

表5-1　潜在空间模型汇总

| 模型 | $\psi$函数 | 潜在空间 |
|---|---|---|
| Class | $\psi(z_i,z_j)=C_{\varphi(z_i,z_j)}$ | $z_i\in\{1\cdots K\}$ |
| Distance | $\psi(z_i,z_j)=-\lvert z_i-z_j\rvert$ | $z_i\in \mathrm{R}^K$ |
| Projection | $\psi(z_i,z_j)=z_i^T z_j/\lvert z_j\rvert$ | $z_i\in \mathrm{R}^K$ |
| Bilinear | $\psi(z_i,z_j)=z_i^T z_j$ | $z_i\in \mathrm{R}^K$ |
| Spatial process | $\psi(x_i,x_j)=-\lvert\delta(x_i)-\delta(x_j)\rvert$ | $x_i\in\mathcal{X}^P$ |
| Cluster | $\psi(z_i,z_j)=-\lvert z_i-z_j\rvert$ | $z_i\in \mathrm{R}^K$ |
| Eigen | $\psi(z_i,z_j)=z_i^T\Lambda z_j$ | $z_i\in \mathrm{R}^K$ |

## 5.5　本章小结

本章介绍了三种经典的网络结构数据模型：指数型随机图模型、随机分块模型及潜在空间模型。指数型随机图模型有非常优美的模型形式及良好的解读能力，但是模型估计的难度不小，在使用的时候要格外小心模型的设定。随机分块模型假定节点被分成不同的组，组内的连接更加紧密，组间的连接更加稀疏，即网络具有分块的特点。潜在空间模型则假定节点生活在一个不可观测的空间，在这个空间中距离越近，在现实世界就越有可能产生联系。

# 第 6 章

CHAPTER 6

## 网络结构数据的社区发现

现实生活中大多数的网络并不是完全随机的，而是具有社区结构特性。社区结构特性是指一个网络中的节点会呈现聚集性特征。本章主要介绍网络的社区结构特征，包括五个方面的内容。6.1 节介绍社区发现的背景，包括社区和社区发现的定义，以及社区发现的分类。6.2 节介绍 8 种社区发现算法及其实现。6.3 节介绍社区发现结果的评价指标及常用数据集。6.4 节介绍社区发现在动态网络和带节点属性的网络上的扩展应用。6.5 节展示一个实际案例。6.6 节是本章小结。

# 6.1 社区发现的背景

本节首先给出社区的定义，进而讨论社区发现的重要实际应用，最后根据社区发现算法的适用性将其按三种不同方式进行分类，分别是：有向网络与无向网络、静态网络与动态网络及有重叠社区网络与无重叠社区网络。

## 6.1.1 社区的定义

社区通常又称为簇或模块，表示可能具有相同或相似性质的节点的集合。社区在相关文献中并没有非常严格的定义，其具体含义往往取决于所研究的问题和应用场景。我们尝试给出如下理解：社区内部节点之间的连接较为紧密，社区之间节点的连接相对稀疏。以社交网络为例，同一社交圈（即同一社区）中的成员可能因为有共同的兴趣爱好，所以互动会相对频繁，联系较为紧密；不同社交圈中的成员可能具有较大差异，因此联系较为稀疏。通常情况下，社区是由算法得出的，是算法的最终产物，即事先并不知道精确的社区划分。因此，社区发现属于无监督学习。

社区的一个必要属性是连通性（Connectedness），这里我们给出几个概念。如果网络中任意两个节点之间都存在一条路径（Path），则该网络是连通的（Connected），否则是非连通的（Unconnected）。网络中的连通分量（Component）是指该网络最大且连通的子网络。最大的含义是它不是其他任何连通子网络的子网络。一个非连通网络有多个连通分量。以图 6-1 为例，该网络有两个连通分量，分别是由节点 1、节点 2、节点 3、节点 4 组成的连通分量和由节点 5、节点 6、节点 7 组成的连通分量。属于不同连通分量的节点之间没有路径，如节点 1 和节点 7。由此可知，如果我们认为节点的集合$\mathcal{C}$是一个社区，那么$\mathcal{C}$中任意两个节点之间都存在一条路径，且该路径仅通过$\mathcal{C}$中的节点。这个属性简化了在非连通网络中的社区发现问题，因为在这种情况下，只需要对每个连通分量进行社区发现，节点数量少的连通分量甚至可以自成一个社区，无须再次划分。

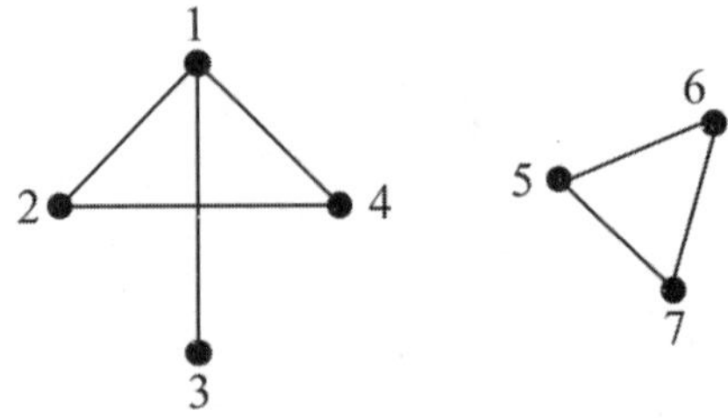


图6-1　非连通网络示例

## 6.1.2 社区发现

社区发现（Community Detection）又称为社区探测、社区识别或社群发现等，实际上是一个网络划分问题。具体而言，就是在一个网络中，根据节点之间的关系将节点划分到一个或多个簇中，使得簇内的边尽量密集，簇之间的边尽量稀疏。因此，社区发现算法本质上就是节点聚类。划分后部分节点的集合叫作社区。若各社区的节点之间没有交集，则称为非重叠社区（Disjoint Community）；若各社区的节点之间有交集，则称为重叠社区（Overlapping Community）。发现社区结构的过程就是社区发现。

如图 6-2 所示，这是一个非重叠社区发现示例，其中左图和右图是同一个网络。从左图中很难看出网络中的社区结构。通过社区发现，可以将网络中的节点划分为三个社区，并用三种不同深浅的节点表示，调整网络布局后得到右图。通过图 6-2 中的右图可知，网络中的社区内部节点间连接紧密，社区之间的连接较为稀疏。

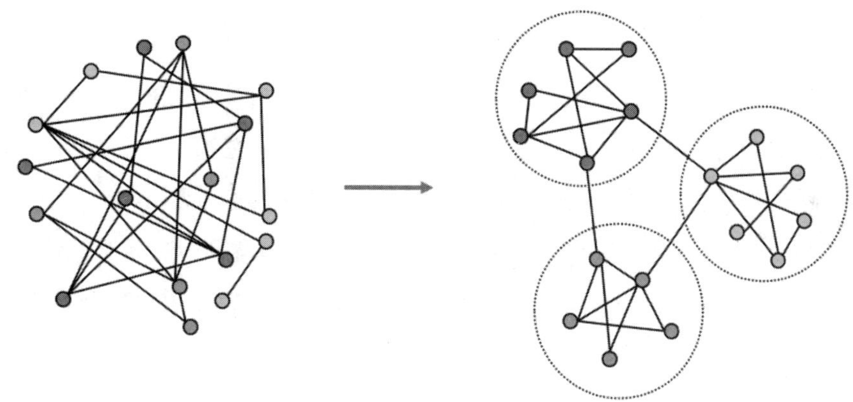

图6-2　社区发现示例

社区发现能够揭示网络结构的形成原理。例如，在科研合作者网络中，一些合作较为频繁的学者会组成一个社区。同一个社区的学者可能是由于同属于一个高校而合作紧密，也可能是由于研究方向相近而合作紧密。因此通过分析社区内部学者的特征属性，可以尝试解释社区的形成方式。

此外，社区发现有助于挖掘网络中处于社区中心或边缘的节点，这些节点往往扮演着重要角色。处于社区中心位置的节点，即与社区内其他节点有大量的连边，可能具有控制和稳定的重要功能。处于社区边缘的节点有时会起到连接不同社区的中介作用。例如，对疾病传播网络进行社区发现，找出社区中心节点及边缘节点，有助于挖掘疾病的传染源和扩散源，控制病情蔓延。对科研合作者网络进行社区发现，位于社区中心的学者通常是这个领域的专家，而连接多个社区的学者通常有多个研究方向。

社区发现还有助于更好地分析网络的结构，在好友推荐、个性化服务、流行病传播与控制、蛋白质交互作用分析等方面有重要应用。例如，在社交网络中，一个社区可能对应着具有相同兴趣爱好的小组，社区发现能够帮助人们找到志同道合的朋友；电商平台可以根据用户的购买偏好构建关系网络，挖掘出具有相似喜好的用户群体，进而为客户推销产品；在疾病传播网络中，可以利用社区发现找到社区间的关键连接，切断这些连接有助于控制疾病传播；在蛋白质交互网络中，社区发现可以用来分析具有特定功能的蛋白质模块，从而为进一步研究模块之间的关系提供依据；在学术研究方面，社区发现成为研究知识网络的新视角，被广泛应用于作者合著网络、引文网络等，从而探索出学科的主要研究主题。

## 6.1.3 社区发现的分类

近年来，很多学者提出了许多社区发现算法来揭示网络的结构特性和动态行为特征。根据社区发现算法的适用网络类型，可以对算法进行分类。常见的分类方法有三种：有向网络与无向网络、静态网络与动态网络，以及有重叠社区网络与无重叠社区网络。下面逐一介绍。

1. 有向网络和无向网络

对于无向网络来说，目前已有大量的社区发现算法在计算机科学、统计学和生物学等领域被提出来。然而，在有向网络中进行社区发现是一项具有挑战性的任务。在有向网络中进行社区发现时，处理边的方向性的最常见方法是忽略它，即将有向网络转换为无向网络。但是在大多数情况下，这种简单的处理并不能得到令人满意的结果，因为这样会忽略一些潜在的信息。目前应用在有向网络中的社区发现算法可分为两种：一种是扩展之前应用在无向网络中的社区发现算法，另一种是利用连边的方向性提出新的社区发现算法。

2. 静态网络与动态网络

与动态网络相比，在静态网络中进行社区发现较为容易。静态网络中存在多种社区发现算法，这些算法大多是基于优化的算法，即根据定义的目标函数寻找最优解。模块化最大化和谱聚类是静态网络中识别社区的主要方法。然而大部分真实世界中的网络在本质上是动态的，部分学者也提出了一些研究动态网络演变行为的社区发现方法。例如，Hopcroft et al.（2004）提出了一个动态社区发现的框架，通过识别相对稳定的层次聚类的核心，跟踪已出现的社区和发现新的社区来研究大型动态网络的社区结构的演化。Aston and Hu（2014）提出了 DSCAN（Dynamic Structural Clustering Algorithm for Network，网络动态结构聚类算法），该算法计算速度快、损失低，可用于对网络进行动态社区探测。

3. 有重叠社区网络和无重叠社区网络

在无重叠社区网络中，每个节点只属于一个社区；而在有重叠社区网络中，一个节点可以属于多个社区。Javed et al.（2018）将网络社区发现算法划分为不重叠社区发现算法和重叠社区发现算法，并分别对这两种类型的社区发现算法的原理进行分类，结果如图 6-3 所示。常见的谱聚类、模块最大化及其他一些统计方法主要是对网络中无重叠的社区进行识别。然而，在现实世界中，社区经常是重叠的。例如，在协作网络中，一个作者可能与许多不同领域小组的研究人员一起工作；在生物网络中，一个蛋白质可能与多组蛋白质相互作用。除了上述提到的仅针对非重叠社区或重叠社区发现的算法，Liu et al.（2014）还提出了一些能够同时检测网络中不重叠和重叠社区的算法（如 MEAs-SN）。

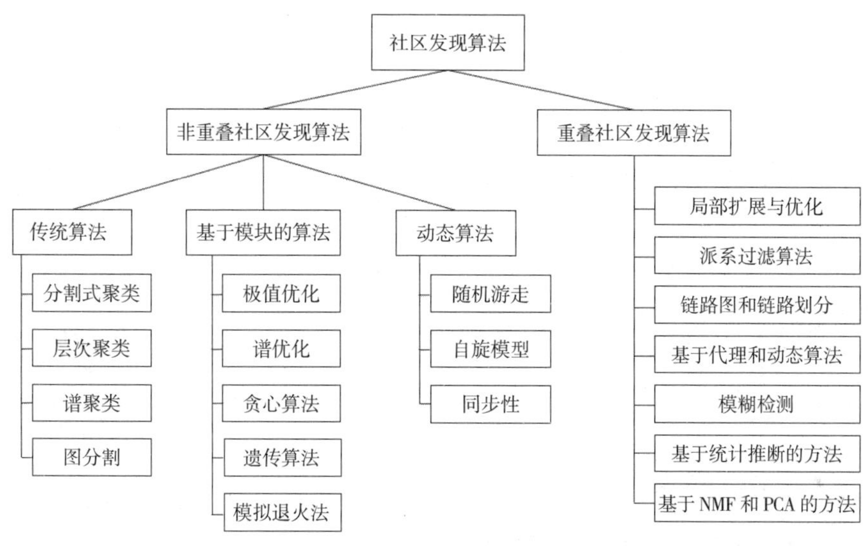


图6-3　社区发现算法分类

## 6.2　常用的社区发现算法

本节介绍 8 种社区发现算法，这 8 种算法在 R 语言中有成熟的 R 包可以调用。本节以 igraphdata 包中的 karate 数据集为例进行代码演示。

### 6.2.1　GN算法

GN 算法是由 Girvan and Newman（2002）提出的，其核心想法是对网络中的每一条边计算边介数（Edge Betweenness），再按照边介数从大到小的顺序不断删除这些边。一条边的边介数定义为经过这条边的最短路径的数量。我们在第四章讨论过节点的中介中心性，其实边介数是将中介中心性的概念推广至边。每次删除一条边都要重新计算边介数，这样一来就能产生一种类似层次聚类的效果，形成一个自上而下的树，从而达到社区发现的目的。树的结构如图 6-4 所示。底部的圆圈代表网络中的节点，树从上而下分支展示了一个网络通过不断删除边，分裂成一个个孤立节点的过程。我们可以根据树的不同切分方式，得到网络的不同社区数量的划分。如图 6-4 所示，网络被划分为 4 个社区。连接不同社区的边具有较高的边介数，而社区内部边的边介数相对较小。逐步去掉边介数较高的边，社区结构就会显现出来。这一算法的思想非常直观，效果也很好，只不过在计算速度上不尽如人意。这个算法的计算复杂度是 $O\left(m^2n\right)$，其中 $m$ 是网络中边的数量，$n$ 是网络中的节点数[①]。

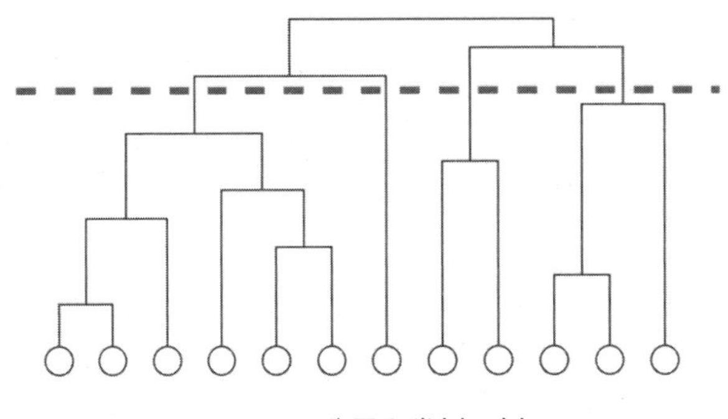

图6-4　分层聚类树示例

具体而言，GN 算法的步骤如下。

第一步：计算所有边的边介数。

第二步：删除边介数最高的那条边。

第三步：重新计算剩余所有边的边介数。

第四步：重复步骤 2 和步骤 3，直到没有边可以被删除。

在 R 语言的 igraph 包中，可以使用 cluster_edge_betweenness() 函数实现这一算法，代码如下。cluster_edge_betweenness() 函数输出模块度最高的社区划分结果。模块度是一种评价社区划分结果的指标，具体定义将会在 6.3 节介绍。结果显示这一算法将空手道网络分成了 6 个社区，并且列出了每个社区中的成员，该社区划分的模块度为 0.35。

```
# edge betweenness
set.seed(10)
ceb = cluster_edge_betweenness(karate)
ceb
## IGRAPH clustering edge betweenness, groups: 6, mod: 0.35
```

① 为了与原论文的记号保持一致，本章并未延用第四章的一些记号。

```
## + groups:
##  $'1'
##  [1] "Mr Hi"    "Actor 2"   "Actor 4"   "Actor 8"   "Actor 12"   "Actor 13"
##  [7] "Actor 18"  "Actor 20"  "Actor 22"
##
##  $'2'
##  [1] "Actor 3"   "Actor 10"  "Actor 14"  "Actor 29"
##
##  $'3'
##  [1] "Actor 5"   "Actor 6"   "Actor 7"   "Actor 11"  "Actor 17"
##
##  + ... omitted several groups/vertices
# 绘制社区发现结果图
plot(ceb, karate)
```

绘制出的社区发现结果图如图 6-5 所示。

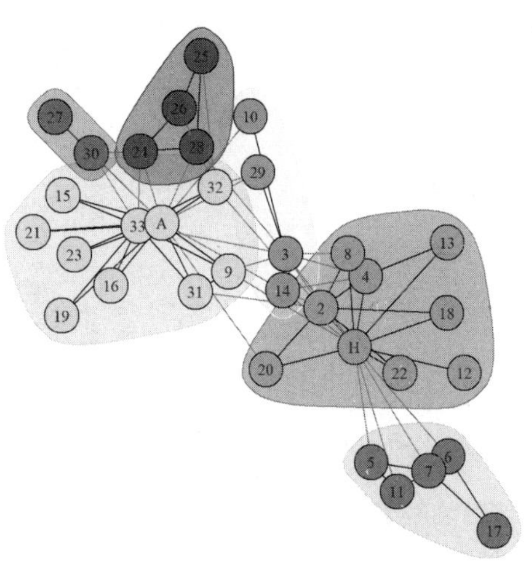

图6-5　GN算法社区发现结果

以 GN 算法为例，我们再介绍一些与展示社区发现结果相关的函数，代码如下。

```
length(ceb)     # 计算社区数量
## [1] 6
sizes(ceb)      # 计算每个社区大小
```

```
## Community sizes
## 1 2 3 4 5 6
## 9 4 5 10 4 2
membership(ceb)[1:5]    # 展示每个节点所属的社区。为节省空间，仅展示五个节点
##  Mr Hi Actor 2 Actor 3 Actor 4 Actor 5
##      1       1       2       1       3
communities(ceb)[1] # 展示每个社区的节点。为节省空间，仅展示第一个社区
## $'1'
## [1]  "Mr Hi"    "Actor 2"   "Actor 4"   "Actor 8"   "Actor 12"   "Actor 13"   "Actor 18"
## [8]  "Actor 20"   "Actor 22"
modularity(ceb)  # 计算 ceb 社区划分下的模块度
## [1] 0.345299
algorithm(ceb)   # 给出 ceb 社区发现使用的算法
## [1]  "edge betweenness"
# 展示每条边是不是跨社区的边。如果这条边连接两个不同社区，则输出"TRUE"，否则
输出"FALSE"。为节省空间，仅展示两条边
crossing(ceb, karate)[1:2]
## Mr Hi|Actor 2 Mr Hi|Actor 3
##        FALSE        TRUE
# 检查是否使用了分层算法来进行社区发现
is_hierarchical(ceb)
## [1] TRUE
# 绘制层次社区结构的树状图，或 dendPlot(ceb)
plot_dendrogram(ceb)
```

GN 算法社区发现结果树状图如图 6-6 所示。

如果想要指定社区数量，则可以根据分层聚类树来划分社区，如我们知道空手道俱乐部网络的真实社区数量为 2，则可以通过如下代码实现社区划分，绘制出的图形如图 6-7 所示。在图 6-7 中，真实的社区划分用节点的两种形状表示（正方形和圆形），算法划分结果用节点的颜色深浅区分。深色的正方形和浅色的圆形表示划分正确。可以看出，除了节点 3 和节点 14 外（浅色的正方形），其余节点均划分正确。

```
# 设置社区数量为 2
ceb2 = cut_at(ceb, no = 2)
```

```
V(karate)$Community = ceb2

# 与真实标签作比较
V(karate)[Faction == 1]$shape = 'square'
V(karate)[Faction == 2]$shape = 'circle'
color_grey <- c('grey85','grey60')
plot(karate, vertex.color = color_grey[V(karate)$Community])
```

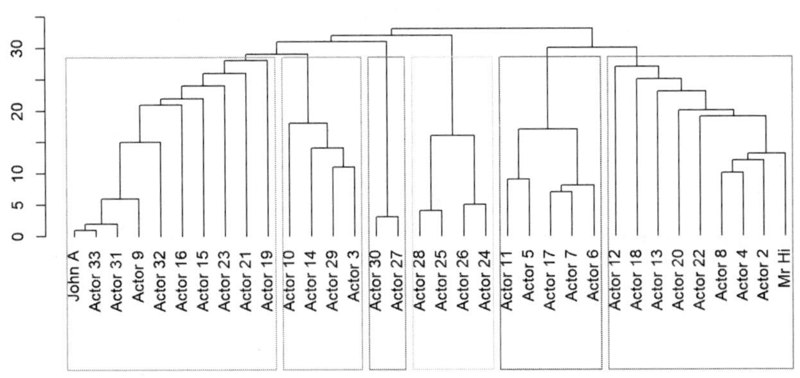


图6-6　GN算法社区发现结果树状图

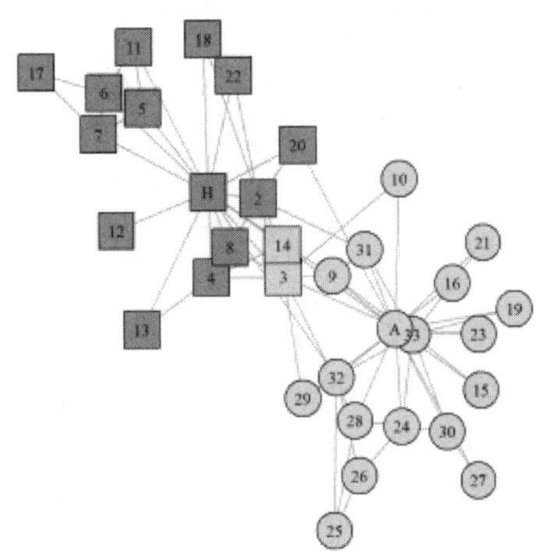

图6-7　GN算法划分两个社区结果与真实社区划分比较

## 6.2.2 Fast Greedy

Fast Greedy 算法是 Newman 提出的一种基于模块度的社区发现算法。通常情况下，模块度越大，说明社区划分的效果越好。该算法首先将网络中的每个节点作为一个单独社区，然后选出使得模块度增值最大的社区对进行合并。如果网络中的所有节点属于同一个社区，则停止合并，最终可以得到一个自下而上的树，树的每一层切分对应着网络的某个具体划分，这一点类似层次聚类。在确定树的切分方式，即社区数量时，该算法选择第一次模块度增值都为负数的那一步进行切分，即可达到模块度最大化的效果。该算法的计算复杂度是$O\left[(m+n)n\right]$。Clauset et al.（2004）利用稀疏邻接矩阵的数据结构，进一步提高了 Fast Greedy 算法的速度，将算法复杂度降低为$O(md\log n)$，其中$d$是树的深度。该算法可以分析有数百万个节点和数千万条边的大型网络。

在 R 语言的 igraph 包中，可以使用 cluster_fast_greedy() 函数实现这一算法，代码如下。该算法将空手道俱乐部网络划分为三个社区，如图 6-8 所示。相比于图 6-5，此次社区划分更加规整。另外，结果对应的模块度为 0.43，比 GN 算法得到的值更大。

```
# fastgreedy
set.seed(10)
cfg = cluster_fast_greedy(karate)
plot(cfg, karate)
```

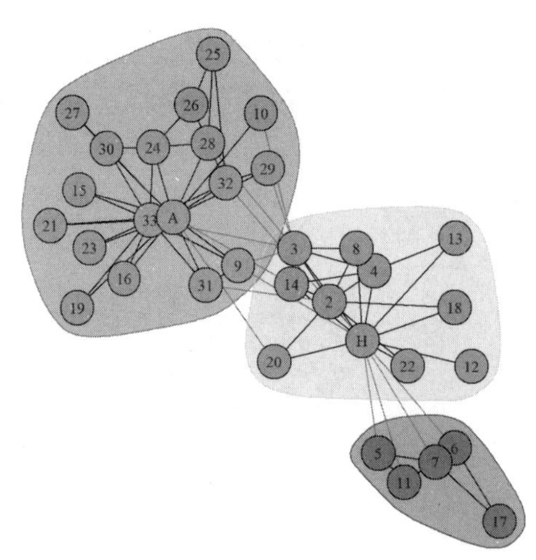

图6-8　Fast Greedy算法社区发现结果

## 6.2.3 Leading Eigenvector

Leading Eigenvector 是 Newman 提出的一种自上而下的分层社区发现算法。这种算法从一个包含所有节点的社区开始，迭代地将其拆分成较小的社区，每次拆分都会从一个社区中创建两个新社区。该算法的核心是定义了一个模块度矩阵（Modularity Matrix），该矩阵在社区发现中的作用类似于拉普拉斯矩阵在图划分中发挥的作用。具体地，先计算模块度矩阵的最大正特征值所对应的特征向量，再根据特征向量中元素的正负符号将节点分成两个社区。如果特征向量中的所有元素都具有相同的符号，则说明该网络没有底层的社区结构。该算法的复杂度为$O\left[(m+n)n\right]$。

这里我们补充一个知识点，即拉普拉斯矩阵。拉普拉斯矩阵是网络中经常用到的一种重要矩阵。给定一个有$n$个节点的网络，其拉普拉斯矩阵被定义为$L=(L_{ij})=D-A$，其中$A$是网络的邻接矩阵，$D$是对角矩阵，对角线元素$D_{ii}=d(i)$是节点$i$的度。以一个无向无权网络为例，其拉普拉斯矩阵为：

$$L_{ij}=\begin{cases} d(i) & i=j \\ -1 & i\neq j\text{且节点}i\text{和节点}j\text{之间有边} \\ 0 & \text{其他} \end{cases}$$

在 R 语言的 igraph 包中，可以使用 cluster_leading_eigen() 函数实现这一算法，代码如下。

```
# leading eigenvector
set.seed(5)
cle = cluster_leading_eigen(karate)
plot(cle, karate)
```

Leading Eigenvector 算法社区发现结果如图 6-9 所示。

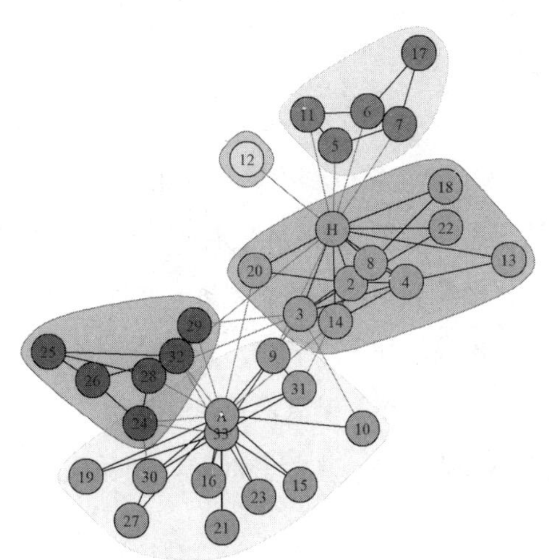


图6-9　Leading Eigenvector算法社区发现结果

由图 6-9 可知，该算法将空手道俱乐部网络划分为 5 个社区。这种方法也可以在获得给定数量的社区后停止，尽管此时可能还有进一步增加模块度的可能性。在上述函数中，可以使用 step 参数设置算法进行分割的次数，如下代码表示进行一次分割，最多分为两个社区，绘制出的图如

图 6-10 所示。

```
# 限定社区数量最多两个
set.seed(10)
cle2 = cluster_leading_eigen(karate,step = 1)
plot(cle2, karate)
```

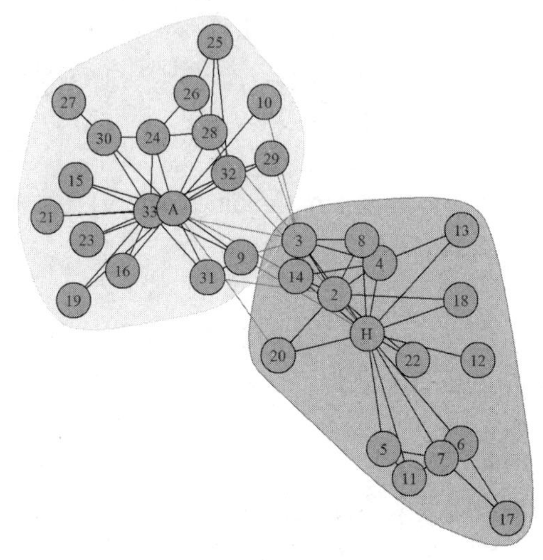


图6-10　Leading Eigenvector算法社区发现结果（指定分割次数）

### 6.2.4 Infomap

在介绍 Infomap 算法之前我们先了解一个概念：随机游走（Random Walk）。随机游走是研究网络结构的一个很有用的工具。网络上的随机游走是指给定一个网络和一个节点作为出发点，随机地选择连接到该节点的边，沿着选定的边移动到另一端的节点，再把当前节点作为出发点，重复以上过程。随机游走允许多次访问同一个节点，多次沿着同一条边走，或者沿着刚刚走过的边回溯。由此可以看出，随机游走的一个关键点是要知道节点与节点之间的转移概率。节点之间的转移概率构成了一个 $n \times n$ 的转移矩阵$P$，其中第 $i$ 行第 $j$ 列的值$P_{ij}$表示从节点 $i$ 出发转移到节点 $j$ 的概率。

Infomap 算法是基于信息理论原理的社区发现算法。该算法的思想是，如果在一张图上做随机游走，好的社区划分可以使记录随机游走路径的编码长度最短。该方法通过最优地压缩网络上信息流的描述，将网络分解为多个模块。

在 R 语言的 igraph 包中，可以使用 cluster_infomap() 函数实现这一算法，代码如下。该算法将空手道俱乐部网络划分为 3 个社区，如图 6-11 所示。此结果与 Fast Greedy 算法给出的结果相同。

```
# informap
set.seed(10)
ci = cluster_infomap(karate)
plot(ci, karate)
```

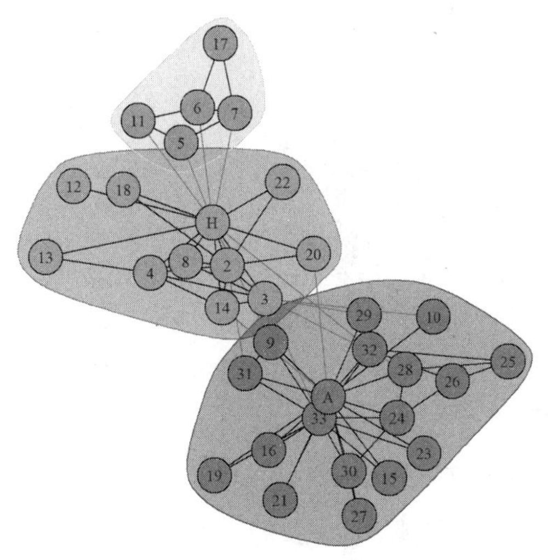


图6-11　Infomap算法社区发现结果

## 6.2.5 Label Propagation

Label Propagation 算法是一种快速、近线性时间的社区发现算法。该算法假设每个节点都带有一个标识它所属社区的标签。首先给每个节点指定唯一的标签，然后每个节点以同步方式获取其邻居的最频繁标签，并将这一出现最频繁的标签重新分配给节点。在每一轮更新节点标签时，节点按照随机顺序被访问。节点 $i$ 的标签在算法移动到下一个节点 $j$ 之前已经被更新，节点 $j$ 将使用节点 $i$ 的新标签。当每个节点的标签是其附近最频繁的标签之一时，该算法停止。容易看出，该算法每次迭代需要 $O(m)$ 步，因此总时间复杂度为 $O(mh)$，其中 $h$ 是迭代次数。由于 $h$ 与 $m$ 相比较小，因此算法在近似线性的时间内运行。

在 R 语言的 igraph 包中，可以使用 cluster_label_prop() 函数实现这一算法，代码如下。算法同样划分了 3 个社区，与 Infomap 算法给出的结果相同，如图 6-12 所示。

```
# label propagation
set.seed(10)
clp = cluster_label_prop(karate)
plot(clp, karate)
```

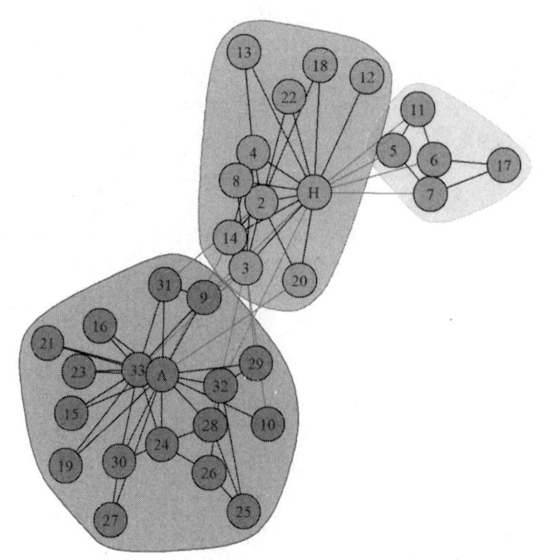


图6-12 Label Propagation算法社区发现结果

### 6.2.6 Multilevel

Multilevel 算法是一种基于模块度的分层社区发现算法。最初，每个节点都单独作为一个社区。执行算法后的每一步中，节点都以局部的、贪婪的方式重新分配给社区：每个节点都移动到对模块度提升最大的社区中。一段时间后，通过移动单个节点无法提高模块度，算法将同一社区的节点合并为单个超节点，并在由超节点组成的网络上继续执行优化过程。当一个社区合并成一个超节点时，社区内的边成为这一超节点的环，边的权重等于社区内边数的两倍。两个社区之间的边（二者都被合并成一个超节点）也被合并成一条边，其权重等于两个社区之间的边数。当所有社区都被合并且只剩下一个超节点时，优化过程终止。在社区合并成超节点的步骤之前，算法存储的社区结构对应社区层次结构，从而产生多级社区结构。

在 R 语言的 igraph 包中，可以使用 cluster_louvain() 函数实现这一算法，代码如下。由图 6-13 可知，算法划分了 4 个社区。

```
# Multilevel
set.seed(5)
cl = cluster_louvain(karate)
plot(cl, karate)
```

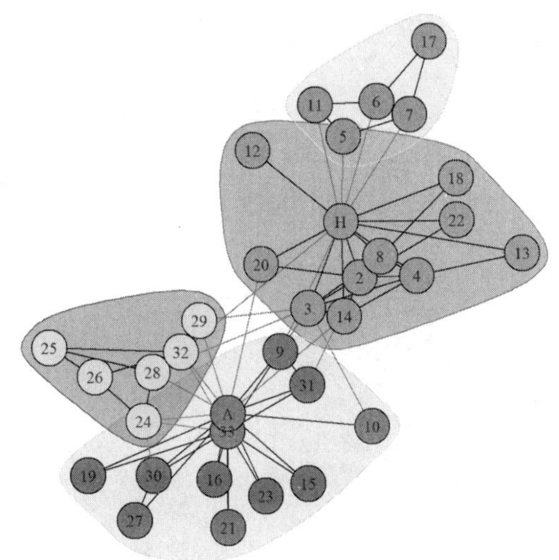


图6-13　Multilevel算法社区发现结果

## 6.2.7 Walktrap

Walktrap 算法是一种基于随机游走的社区发现方法。该算法的主要思想是：在网络中进行随机游走，游走的起点和终点更有可能在同一社区内，因为社区内的边往往更密集，且只有少数几条边通向社区之外。这一算法主要分为三个步骤：首先，随机游走是一个马尔可夫过程，需要得到其转移矩阵，假设一个点在网络上随机游走，当其到达一个节点时，它以相等的概率随机选择这一节点的相邻节点，从节点 $i$ 到节点 $j$ 的一步转移概率 $P_{ij}=\frac{A_{ij}}{d(i)}$，其中 $A_{ij}$ 是邻接矩阵 $A$ 第 $i$ 行第 $j$ 列的元素。令 $P=(P_{ij})$，则可用矩阵表示为 $P=D^{-1}A$；其次，根据随机游走计算节点间的距离，这一距离刻画了节点间的相似性，在同一社区内的节点距离较小，反之则大，这也可定义社区与节点的距离和社区与社区之间的距离；最后，得到节点之间及社区之间的距离后，问题就转化成了聚类问题，可根据聚类结果得到树状图，实现社区发现。社区划分的数量可以根据模块度或者其他指标选取。该算法的时间复杂度是 $O(mn^2)$。

在 R 语言的 igraph 包中，可以使用 cluster_walktrap() 函数实现这一算法，代码如下，绘制出的结果图如图 6-14 所示。由图 6-14 可知，该算法划分了 4 个社区。

```
# walktrap
set.seed(1)
cw = cluster_walktrap(karate)
plot(cw, karate)
```

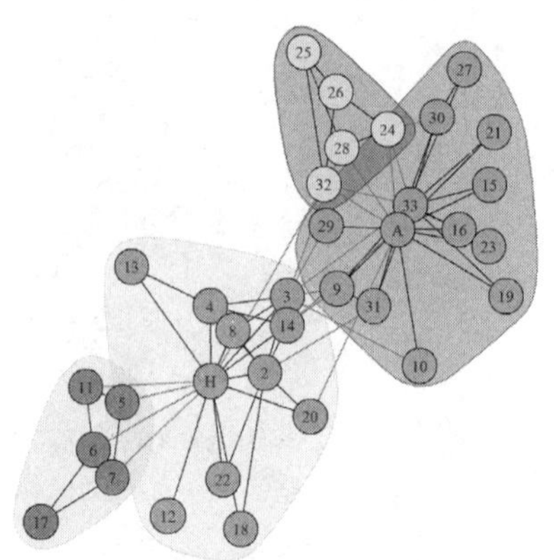


图6-14　Walktrap算法社区发现结果

## 6.2.8 Spinglass

Spinglass 算法是 Reichardt and Bornholdt（2006）和 Traag and Bruggeman（2009）提出的一种社区发现方法。这种算法的基本思想是假设节点存在某种状态（Spin State），在社区发现的场景下，等价于假设节点属于某个社区，属于同一社区的节点更有可能相连，而属于不同社区的节点不会产生联系。Traag and Bruggeman（2009）扩展了上述算法，以检测同时存在正向和负向连接的复杂网络中的社区。该方法解决了社会平衡理论中长期存在的一个问题，即带符号网络的聚类问题。

利用 Spinglass 算法进行社区发现的代码如下。

```
# spinglass
set.seed(1)
cs = cluster_spinglass(karate)
plot(cs, karate)
```

Spinglass 算法社区发现结果如图 6-15 所示。

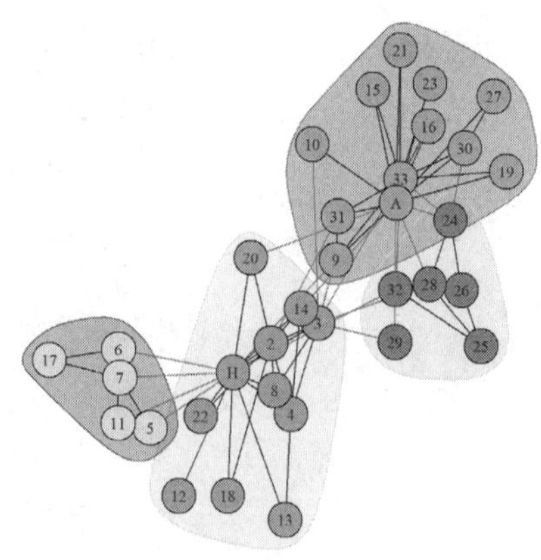


图6-15　Spinglass算法社区发现结果

## 6.3 社区发现结果的评价

社区发现是一个启发式过程，不同的社区发现方法对于同一个网络通常会有不同的结果（除非该网络具有非常清晰的社区结构）。因此，需要一些指标来评价社区发现结果的好坏。评价指标根据真实社区标签是否已知可以分为外部指标和内部指标，这些指标通常是针对非重叠社区的。外部指标将识别到的社区划分与事先已知的真实社区划分进行比较，而内部指标不需要通过真实社区划分来量化结果有多好，而是需要假设好的聚类应该是什么样的。例如，一个度量可能假设一个好的聚类在不同的社区之间只有少数几个边，或者一个好的聚类中的社区应尽可能密集。

常见的外部指标有兰德指数（Rand Index）、调整的兰德指数（Adjusted Rand Index）、分裂连接距离（Split-join Distance）、信息变差（Variation of Information）和标准化互信息（Normalized Mutual Information），具体定义读者可参考 Chakraborty et al.（2017）。除了分裂连接距离和信息变差之外，其他指标都是相似度量，这意味着值越高，得到的社区划分结果与真实社区划分之间的一致性越好。分裂连接距离和信息变差是距离度量，即聚类距离越大，度量值越高。以 karate 数据集为例，使用 Multilevel 算法对其进行社区发现，比较社区发现结果和真实社区划分，计算上述 5 个指标，代码如下。

```
# 获取真实社区划分
true_com = make_clusters(karate, V(karate)$Faction)
membership(true_com)
## [1] 1 1 1 1 1 1 1 1 2 2 1 1 1 1 2 2 1 1 2 1 2 1 2 2 2 2 2 2 2 2 2 2 2 2
# Multilevel 算法进行社区发现
set.seed(5)
cl = cluster_louvain(karate)
membership(cl)
##    Mr Hi  Actor 2  Actor 3  Actor 4  Actor 5  Actor 6  Actor 7  Actor 8
##        2        2        2        2        1        1        1        2
## Actor 9 Actor 10 Actor 11 Actor 12 Actor 13 Actor 14 Actor 15 Actor 16
##       4        4        1        2        2        2        4        4
## Actor 17 Actor 18 Actor 19 Actor 20 Actor 21 Actor 22 Actor 23 Actor 24
##        1        2        4        2        4        2        4        3
## Actor 25 Actor 26 Actor 27 Actor 28 Actor 29 Actor 30 Actor 31 Actor 32
##        3        3        4        3        3        4        4        3
```

```
## Actor 33   John A
##        4      4
# 计算兰德指数
compare(true_com, cl, method = "rand")
## [1] 0.7736185
# 计算调整的兰德指数
compare(true_com, cl, method = "adjusted.rand")
## [1] 0.5413569
# 计算分裂连接距离
compare(true_com, cl, method = "split.join")
## [1] 11
# 计算信息变差
compare(true_com, cl, method = "vi")
## [1] 0.629254
# 计算标准化互信息
compare(true_com, cl, method = "nmi")
## [1] 0.6872629
```

内部指标不需要真实的社区标签，因此在人们不知道真实的社区划分的情况下，对评价社区划分效果非常有用。直观上，一个好的划分产生的社区应该是密集的（至少密度高于整个网络的密度），并且社区之间的边较少。模块度是目前使用最为广泛的内部指标之一。假设网络 $G$ 被划分为 $C$ 个社区，模块度定义如下：

$$Q(G)=\frac{1}{2m}\sum_{i=1}^{n}\sum_{j=1}^{n}(A_{ij}-p_{ij})\delta_{ij}$$

其中，$n$ 是网络 $G$ 的节点数，$m$ 是网络 $G$ 的边数，$A$是网络 $G$ 的邻接矩阵，$p_{ij}$ 是网络节点 $i$ 和节点 $j$ 之间存在边的概率，$\delta_{ij}$ 的取值为1或0，1表示节点 $i$ 与节点 $j$ 在同一个社区，0表示节点 $i$ 与节点 $j$ 不在同一个社区。模块度越大，则表明社区划分效果越好。通常情况下，模块度大于0.3时，则认为社区发现的效果较好。

然而两个节点之间是否存在边的概率通常是未知的，Molloy and Reed（1995）提出的模型证明了若节点 $i$ 的度为 $k_i$，节点 $j$ 的度为 $k_j$，则在随机生成的图中节点 $i$ 和节点 $j$ 之间存在边的概率为 $\frac{k_i k_j}{2m}$。因此，最常用的模块度计算方式如下。

$$Q(G)=\frac{1}{2m}\sum_{i=1}^{n}\sum_{j=1}^{n}\left(A_{ij}-\frac{k_i k_j}{2m}\right)\delta_{ij}$$

同样以 karate 数据集为例，使用 Multilevel 算法对其进行社区发现，计算模块度，代码如下。

```
# 计算 Multilevel 算法得到的社区划分的模块度
modularity(karate, membership(cl))
## [1] 0.4197896
```

接下来我们将介绍一些用来比较不同的社区发现算法的数据集。数据集有两类，分别是模拟生成的标准数据集和实际数据集，模拟生成的标准数据集又可分为两类，分别是开放式标准数据集和封闭式标准数据集。开放式标准数据集是由一个已知社区结构的网络通过节点之间随机重连，不同社区节点之间的连接增加，从而使网络成为一个开放式的未知网络结构。常见的开放式标准数据集有 GN 标准数据集、LFR 标准数据集和 RC 标准数据集。GN 标准数据集有 128 个节点，节点的平均度数为 16，整个网络包含 4 个大小相等的社区。LFR 标准数据集相比 GN 有明显的优势，在 LFR 中，节点服从幂律分布，使得我们可以建立更多样和更符合真实情况的网络。GN 和 LFR 生成的网络中的社区大小相等，而 RC 标准数据集则不同，它包含 512 个节点和 16 个社区，每个社区的大小差异很大，可以通过设置参数来改变网络结构。这几种标准数据集区别较大，可以互相补充使用。封闭式标准数据集也是从已知社区结构的网络开始，但与开放式标准数据集相比，这里的节点重连不是随机的，最终得到的网络与初始网络具有相同的社区结构，但节点在社区之间随机重新分配。

被用来比较不同社区发现算法的实际数据通常具有已知的社区结构。表 6-1 展示了一些常用的实际数据集[①]。

**表6-1　常用实际数据集**

| 数据集名称 | 节点数 | 真实社区数 | 数据集名称 | 节点数 | 真实社区数 |
|---|---|---|---|---|---|
| Karate | 34 | 2 | Email-Eu-Core | 1 005 | 42 |
| Dolphins | 62 | 2 | Political blogs | 1 222（最大连通分量） | 2 |

① Karate：20 世纪 70 年代，美国一所大学空手道俱乐部 34 名成员之间的社交网络。
Dolphins：生活在新西兰的 62 只海豚之间的无向社交网络。
Polbook：亚马逊网站的政治书籍共同购买网络。
American college football：常规赛季期间的美国大学间橄榄球比赛的网络。
Email-Eu-Core：欧洲一家大型研究机构的研究员之间电子邮件收发网络。
Political blogs：2005 年美国政治博客之间的定向超链接网络。
PGP：使用 Pretty Good Privacy 加密算法共享机密信息的用户网络。
LiveJournal：LiveJournal 博客用户网络。

续表

| 数据集名称 | 节点数 | 真实社区数 | 数据集名称 | 节点数 | 真实社区数 |
|---|---|---|---|---|---|
| Polbook | 105 | 3 | PGP | 10 680 | 153 |
| American College football | 115 | 3 | LiveJournal | 3 997 962 | 311 782 |

## 6.4 社区发现的拓展和应用

### 6.4.1 动态网络社区发现

Rossetti and Cazabet（2018）总结了近几年动态网络社区发现领域的研究进展。首先，文章给出了动态社区发现（Dynamic Community Discovery）的定义：给定一个动态网络$DG$，动态社区$DG$被定义为由不同二元对（节点，周期）构成的集合：$DC=\left[\left(v_1,P_1\right),\left(v_2,P_2\right)\ldots\left(v_n,P_n\right)\right]$，其中$P_n=\left[\left(t_{s0},t_{e0}\right),\left(t_{s1},t_{e1}\right)\ldots\left(t_{sN},t_{eN}\right)\right]$，$t_{s*}\leqslant t_{e*}$。在这里$v_1\ldots v_n$代表节点，$P_1\ldots P_n$代表节点对应的周期，其中$t_{s*}$代表周期开始时间，$t_{e*}$代表周期结束时间。动态社区发现旨在识别$DG$中所有动态社区的集合$\mathcal{C}$，其中动态社区集合$\mathcal{C}$中描述的社区可以是非重叠的也可以是重叠的。简言之，动态社区发现有两个目标：（1）能够有效地识别社区演化过程中每个时期的最佳分区；（2）构建描述社区生命周期的演化链。

动态网络中社区演变方式主要有8种，分别是产生（Birth）、消亡（Death）、增长（Growth）、收缩（Contraction）、合并（Merge）、分裂（Split）、保持不变（Continue）和复苏（Resurgence），如图6-16所示。并非所有转变都必须由一个一般性的动态社区发现算法处理，其中，合并、分裂和复苏通常有特定的相似度和阈值函数及社区转换策略。动态社区发现遇到的主要问题之一是解决社区发现的不稳定性，这种类型的问题来自社区的本质。我们不知道在网络上$t$时刻发现的社区与$t+1$时刻发现的社区之间的差异是社区演化的结果还是算法的不稳定性造成的。人们提出了各种各样的解决方案来解决或减轻这种不稳定性问题，他们的共同目标是使社区的进化更加平稳。

作者将动态网络发现算法分为三大类，分别是即时最优算法、时间权衡算法及跨时间算法。

即时最优算法认为，$t$时刻网络中存在的社区结构仅取决于$t$时刻网络的状态，在进行社区匹配时，或许会考虑之前时刻识别出的社区结构。该类方法直接将静态网络社区发现方法应用于动态网络，针对网络演化的不同步骤分别进行识别，为每个步骤确定一个最佳分区，然后连接不同演化步骤中发现的网络结构，从而识别出社区的动态演化过程，因此该方法是非时间平滑的。

时间权衡算法认为，$t$时刻网络中存在的社区结构不仅仅取决于当前的网络结构，还与网络的演变及过去时刻识别出的社区结构有关，因此，$t$时刻的社区结构由$t$时刻的网络结构和已知过去的信息决定，不依赖于未来的信息，该方法是时间逐步平滑的。

跨时间算法在研究网络演化时不单独考虑网络演化的不同步骤，而是直接识别整个网络的社区结构，在$t$时刻的社区结构取决于过去的信息和未来的演变，该方法是完全时间平滑的。

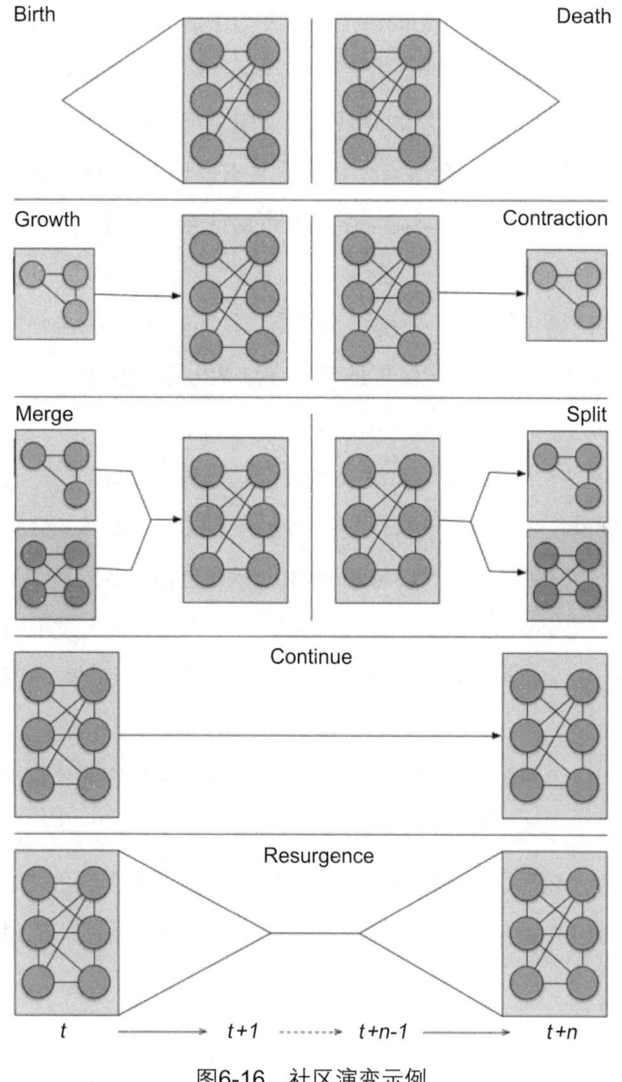


图6-16　社区演变示例

文章最后总结了社区发现算法面临的主要问题如下。

（1）动态网络社区发现算法存在悖论：在不同网络演化步骤中发现的“最佳”分区并不是总能形成一个连贯的动态结构。

（2）缺乏评估和比较不同方法的基准数据。

（3）缺乏系统评估方法。

（4）很少有人提出动态网络发现算法在具体问题上的应用。

### 6.4.2 带有节点属性的网络社区发现

Chunaev（2020）总结了带有节点属性的网络社区发现的研究现状。大多数现实世界的社交网络不仅提供了参与者之间的联系，还提供了关于参与者的信息。当存在参与者信息时，网络被称为有节点属性的（Node-attributed）。处理有节点属性的网络的经典的社区发现方法有两类：一类是仅处理网络的结构（即节点之间的联系），而忽略节点的特征；另一类是只使用节点属性来发现社区，完全忽略参与者之间的联系，代表方法有k -means 聚类算法。显然，只处理结构或只处理属性的方法不能够完全利用网络中所有的可用信息。因此，研究能同时利用结构和属性的社区发现方法成为社交网络分析的一个新领域。

在带有节点属性的网络中进行社区发现，需要实现以下两种平衡。

（1）结构上的紧密性，即一个社区内的节点在结构上彼此接近，而不同社区的节点在结构上不接近。

（2）属性上的同质性，即一个社区内的节点具有同质属性，而不同社区的节点没有。

作者根据社区发现过程中的结构和属性何时融合将方法分为三类，分别如下。

（1）早期融合方法（Early Fusion Methods），即在社区发现过程之前融合结构和属性。

（2）同步融合方法（Simultaneous Fusion Methods），即在社区发现的同时融合结构和属性。

（3）后期融合方法（Late Fusion Methods），即首先分别对结构和属性进行分区，然后融合获得的分区。

与同步融合方法相比，早期融合方法和后期融合方法更容易实现，因为二者通常可以通过结合几种经典的社区发现算法来实现。

文章最后作者认为，虽然目前该领域的研究远未完成，但是带有节点属性的网络社区发现方法仍然是社交网络分析中的强大工具，并且在社交网络之外也具有广泛的应用。

## 6.5 案例：统计学科合作者网络社区发现

本节收集了统计学“四大”期刊从 2001 年到 2018 年发表的论文进行分析。经过一系列的数据清洗，最终网络包含 4 925 个节点和 10 191 个连边。该网络的节点代表作者，连边代表作者之间的合作关系。如果两位作者共同发表了一篇论文，则这两位作者就具有合作关系。在本案例的研究中，两位作者无论合作了几次，都仅仅视为有合作，因此该网络的连边的权重均为 1，属于无权网络。最后，因为两位作者之间的合作关系是相互的、没有方向的，所以该网络是无向网络。该无向网络的密度为 0.00084，说明网络是非常稀疏的。

由于网络中节点数量过多，我们利用 Gephi 绘制了合作者网络结构图，如图 6-17 所示。从图中可以看出节点之间呈现一定的社区结构。社区内部的节点的连接相对紧密，而社区之间的节点连接比较稀疏。

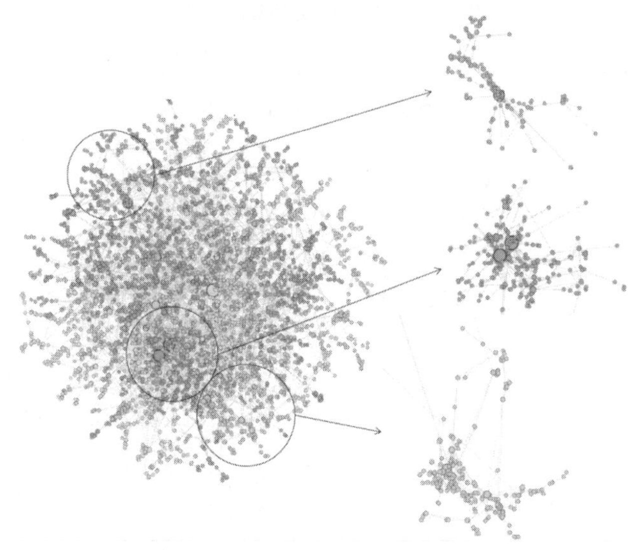

图6-17　统计学科合作者网络结构图

为了更细致地展示统计学者的社区结构，本文提取了统计学科合作者网络的核心网络。具体提取方法是不断删除网络中度小于 4 的节点，直至网络不再变化，最终得到一个由 1 061 个节点和 3 310 条连边构成的作者核心合作网络。该网络的密度是 0.006。

本文使用 R 语言自带的 Multilevel 算法对作者核心合作网络进行社区发现，代码如下。得到 48 个社区。最大的社区有 107 位统计学者，最小的社区仅有 5 位统计学者。

```
# 使用 cluster_louvain() 函数对作者核心合作网络进行社区划分, g_core 是本书 3.3.1 节的结果
com = cluster_louvain(g_core)
# 展示每个社区的大小
sizes(com)
## Community sizes
##   1   2   3   4   5   6   7   8   9  10  11  12  13  14  15  16  17  18  19  20
```

```
##   6  7  7  5  6  7  6 12  6  5  5 25  5  5  6  6  5 18 37 29
##  21 22 23 24 25 26 27 28 29 30 31 32 33 34 35 36 37 38 39 40
##   5 11 22  5 18 29 33 40  5 32 27 21 32 17 90 10 13 68  6 13
##  41 42 43 44 45 46 47 48
## 107 38 14 35 50 42 15 55
```

对社区 41 进行可视化，结果如图 6-18 所示。

```
# 提取社区 41 作者构成的子网络
g_com41 <- induced_subgraph(g_core, groups(com)$'41')
# 计算社区 41 作者构成的合作网络的密度
print(paste0('子网络的密度为：', graph.density(g_com41)))

## [1] "子网络的密度为：0.0523717157467819"

# 绘制社区 41 作者构成的子网络
# 设置节点大小与度成正比
V(g_com41)$size = seq(2,6,length.out = max(degree(g_com41)))[degree(g_com41)]

# 设置 ID 为"A13633-1"的作者的标签为"Fan, Jianqing"
V(g_com41)[V(g_com41)$name=='A13633-1']$label <- 'Fan, Jianqing'
set.seed(200)      # 设置随机种子，保证同一种布局画出来的图可以重复
par(mfrow=c(1,1), mar=c(0,2,0,2))
plot(g_com41,
    layout = layout.fruchterman.reingold,      # 绘制力导向布局图
    vertex.label = V(g_com41)$label,           # 显示节点标签
    vertex.color = 'lightsteelblue2',          # 设置节点颜色
    edge.color = 'grey75'                      # 设置边的颜色
)
```

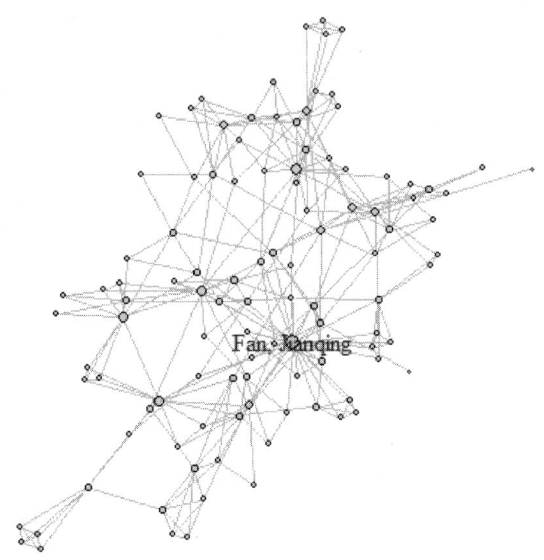


图6-18　社区41网络结构图

社区 41 的作者当中 Fan, Jianqing 的度最大，为 33。该社区共有 107 位统计学者，来自 University of Pennsylvania 的统计学者较多，有 7 位。在 2001 年至 2018 年期间，该社区的统计学者在“四大”期刊上共发表了 770 篇论文，其中 *AoS* 上发表了 273 篇，*Biometrika* 上发表了 172 篇，*JASA* 上发表了 213 篇，*JRSS-B* 上发表了 112 篇。论文关键词出现较多的是 variable selection、smoothing、nonparametric regression、functional data analysis、dimension reduction 等。结合论文及关键词可知，该社区统计学者的主要研究领域是高维统计。

## 6.6　本章小结

本章主要介绍了网络结构数据中社区发现的相关概念及方法，通过社区发现可以更好地认识网络结构的特性。不同类型的网络结构所用的社区发现算法不同。我们着重介绍了 8 种常见的社区发现算法，有利用边介数的 GN 算法，基于模块度的 Fast Greedy、Leading Eigenvector 和 Multilevel 算法，以及基于信息论原理的 Infomap 算法等。这些算法在 R 语言的 igraph 包中都有函数可以调用。算法给出社区发现的结果之后，需要用外部指标或内部指标进行评价，其中，模块度是最广泛使用的内部指标之一。另外，我们还总结了常用的标准数据集供读者参考。在社区发展的拓展和应用方面，动态网络和带有节点属性的网络的社区发现还有广阔的研究空间。最后，我们通过统计学科合作者网络的实际例子展示了社区发现的应用。

# 第 7 章

CHAPTER 7

## 链路预测

本章讨论了链路预测问题。7.1 节定义链路预测问题，指出链路预测的广泛应用。7.2 节介绍基于相似性的链路预测方法，如共同邻居等。7.3 节介绍其他链路预测方法。7.4 节介绍链路预测效果的评价，包括 TPR 及 AUC 值等。7.5 节是本章小结。本章内容极大地参考了 3 篇综述类文献：*Link prediction techniques, applications, and performance: A survey*、*Link prediction in complex networks: A survey* 和 *Link prediction in social networks：The state-of-the-art*。读者可以在这些文献中找到更多细节。

# 7.1 链路预测问题

链路预测（Link Prediction，也称链接预测）是网络结构数据分析的一类重要研究问题。前文提到，网络结构数据可以用图 $G=(V,E)$ 表示，其中 $V$ 是节点的集合，$E$ 是连边的集合。一般而言，我们会假定 $G$ 是在某一时间 $t$ 观察到的。这一假定类似传统的截面数据。链路预测的目标主要是判断在未来的时间点 $t'$，是否会在节点间产生新增的连边或者出现已经存在的连边消失的情况。

链路预测的应用领域较为广泛，包括社交网络、学术网络、生物和安全等领域。链路预测的一个典型的应用就是推荐系统，如社交平台上的朋友推荐及电商平台的个性化推荐等，社交媒体（如微博、Facebook 等）可以利用用户社交网络的结构及各个用户的兴趣爱好等来进行好友推荐，以帮助用户发现兴趣相似的新朋友，提高用户黏性；再如电商平台可以将用户和商品视作不同类型的节点，构建双模网络，向用户推荐商品，成功的推荐可以帮助平台提高销量。

除此之外，链路预测在论文合作者网络中也有着广泛的应用。在合作者网络中，节点代表学者，连边代表合作关系。链路预测可以推测未来可能产生的新边，从而进行论文合作者推荐，这有助于形成新的科研团队，对于学术研究有着重要意义。在生物学领域，链路预测同样发挥着重要作用。例如，蛋白质之间相互作用网络、食物网及代谢网络等，都需要探究网络中的新连接。利用链路预测方法，可以通过已知的网络先推测出最可能存在的链接，再针对这些链接进行实验探究。这样做不仅能够节省实验费用，还能够提高效率。最后，在安全相关领域，链路预测可以用来检测恐怖分子及其组织之间的地下交流、识别异常通信及进行垃圾邮件的识别等。

# 7.2 基于相似性的链路预测

解决链路预测问题最常用的一种方法是构造两个节点的相似性指标，相似性指标取值越大，代表节点越相似，我们认为其越有可能产生连边。相似性指标可以分为三种：基于邻居的、基于路径的及基于随机游走的。本章的讨论针对无向网络，将这些方法扩展到有向网络需要格外小心。

我们先定义一个需要频繁使用的记号：$\Gamma(x)$，代表节点 $x$ 的邻居的集合[①]，这里的邻居代表跟节点 $x$ 直接相连的节点，即 $\Gamma(x)=\{y:A_{xy}=1\}$，$|\Gamma(x)|$ 代表节点 $x$ 的邻居数量，也就是节点 $x$ 的度。

① 为了与文献保持一致，本章用 $x$ 和 $y$ 代表节点。

### 7.2.1 基于邻居的相似性指标

1. 共同邻居（Common Neighbors，CN）

共同邻居指标是最为常用的相似性指标。这个指标计算了节点$x$和节点$y$的共同邻居数量。如果两个节点的共同邻居比较多，那么它们产生联系的可能性应该较大；如果两个节点没有共同邻居，那么它们产生联系的可能性应该较小。具体地，$\Gamma(x)$和$\Gamma(y)$分别代表了节点$x$和节点$y$的邻居的集合。这两个集合的交集为$\Gamma(x)\bigcap\Gamma(y)$，就是节点$x$和节点$y$的共同邻居的集合。共同邻居指标就是这个集合的大小，即：

$$\mathrm{CN}(x,y)=\left|\Gamma(x)\bigcap\Gamma(y)\right|$$

我们利用 fblog 数据集验证关于共同邻居的普遍认知：共同邻居较多的节点更有可能产生联系。fblog 是法国政治博客的子网络，提取自 2006 年 10 月一天内 1100 多个博客的快照。该网络是一个无向网络，包含 192 个节点和 1431 条连边，节点代表博客的网址，连边代表两个博客间存在引用关系。首先学习一个新的函数 ego()，这个函数能够返回某个节点的自我中心网络，也就是该节点的邻居（包含节点自身）。注意，函数的返回结果是一个列表（list），在后续分析时往往需要利用 unlist() 函数去列表化。代码如下。

```
# 加载要用到的包
library("igraph")
library("sand")
# 使用 fblog 数据
data("fblog")
g = fblog
# ego() 函数返回节点的自我中心网络 (包含自身)
# ego() 函数的返回结果是 list
ego(g, order = 1, nodes = 1)
## [[1]]
## + 3/192 vertices, named, from 3e87bca:
## [1]  jeunesverts.org/bordeaux  bix.enix.org/
## [3]  dominiquevoynet.net/blog
ego(g, order = 1, nodes = c(1,3))
## [[1]]
## + 3/192 vertices, named, from 3e87bca:
```

```
## [1]  jeunesverts.org/bordeaux  bix.enix.org/
## [3]  dominiquevoynet.net/blog
##
## [[2]]
## + 5/192 vertices, named, from 3e87bca:
## [1]  www.arnaudcaron.net/      bix.enix.org/
## [3]  dominiquevoynet.net/blog  blogs.lesverts.fr/
## [5]  emilien.net/
```

进一步地，我们计算每两个节点的共同好友数，并且根据节点是否直接相连分组绘制共同好友数的箱线图，结果如图 7-1 所示。从图 7-1 中可以得到以下结论：第一，箱线图设置了箱子的“胖瘦”跟样本量成比例，可以看出网络中不相连的节点对数量远多于相连的节点对数量；第二，从箱体看，不相连的节点对的共同好友数明显低于相连的节点对的共同好友数；第三，fblog 这个数据集充分体现了共同好友较多的情况下节点更有可能产生联系的现象。图 7-1 的代码示例可以在附录一中找到，读者也可以尝试使用 neighbors() 函数实现这个分析，并且体会 ego() 函数和 neighbors() 函数的差异。

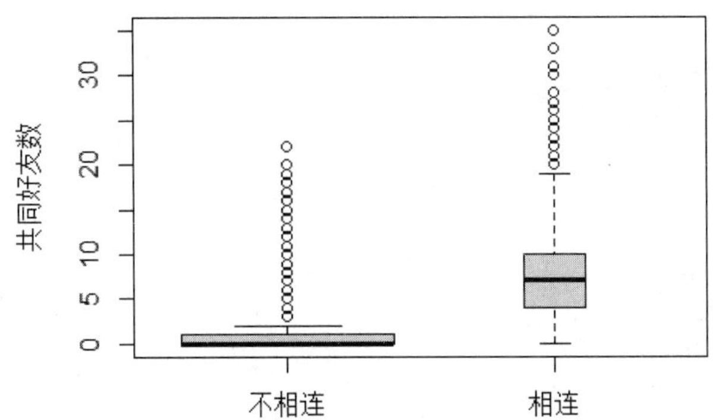


图7-1　节点对不相连和相连的共同好友数分组箱线图

共同邻居指标的定义十分简单，在实际应用中比很多复杂的方法效果要好，因此被广泛使用。但是这个指标没有被标准化，于是有很多衍生的相似性指标，它们都试图在共同邻居这个指标的基础上做一定的改进。

2. 雅可比系数（Jaccard Coefficient，JC）

雅可比系数是最为常用的一个标准化指标，其公式如下。

$$\mathrm{JC}(x,y)=\frac{\left|\Gamma(x)\bigcap\Gamma(y)\right|}{\left|\Gamma(x)\bigcup\Gamma(y)\right|}$$

雅可比系数的分母是集合$\Gamma(x)\bigcup\Gamma(y)$中包含的节点个数。集合$\Gamma(x)\bigcup\Gamma(y)$代表了节点$x$的邻居和节点$y$的邻居的并集。如果节点$x$和节点$y$没有共同好友，雅可比系数的取值是 0；如果节点$x$和节点$y$的邻居刚好完全一样，雅可比系数的取值是 1。可见，雅可比系数的取值范围是 0 ～ 1。

除了雅可比系数，我们列举更多的指标，这些指标的定义各不相同，适用的场景也有所差别。针对实际数据，没有某个指标能够占据绝对的优势，这与统计建模的思想非常类似，没有哪个统计模型能够在所有的实际数据上都表现最优，因此，读者在分析实际问题的时候，应该尽可能多地尝试和比较各种指标，再做出决定。

3. Sørensen 指数（Sørensen Index，SI）

$$\mathrm{SI}(x,y)=\frac{\left|\Gamma(x)\bigcap\Gamma(y)\right|}{\left|\Gamma(x)\right|+\left|\Gamma(y)\right|}$$

4. Salton 余弦相似性（Salton Cosine Similarity，SC）

$$\mathrm{SC}(x,y)=\frac{\left|\Gamma(x)\bigcap\Gamma(y)\right|}{\sqrt{\left|\Gamma(x)\right|\times\left|\Gamma(y)\right|}}$$

5. Leicht-Holme-Nerman（LHN）

$$\mathrm{LHN}(x,y)=\frac{\left|\Gamma(x)\bigcap\Gamma(y)\right|}{\left|\Gamma(x)\right|\times\left|\Gamma(y)\right|}$$

6. Hub Promoted（HP）

$$\mathrm{HP}(x,y)=\frac{\left|\Gamma(x)\bigcap\Gamma(y)\right|}{\min\left(\left|\Gamma(x)\right|,\left|\Gamma(y)\right|\right)}$$

7. Hub Depressed（HD）

$$\mathrm{HD}(x,y)=\frac{\left|\Gamma(x)\bigcap\Gamma(y)\right|}{\max\left(\left|\Gamma(x)\right|,\left|\Gamma(y)\right|\right)}$$

8. Parameter-Dependent（PD）

$$\mathrm{PD}(x,y)=\frac{\left|\Gamma(x)\bigcap\Gamma(y)\right|}{\left(\left|\Gamma(x)\right|\times\left|\Gamma(y)\right|\right)^{\lambda}}$$

以上指标的分子是完全一样的：节点$x$和节点$y$的共同好友数，但是它们的分母各不相同。Sørensen 指数的分母是节点$x$的好友数和节点$y$的好友数的求和。Salton 余弦相似性和 LHN 指标的分母与节点$x$的好友数和节点$y$的好友数的乘积有关。HP 指标和 HD 指标的分母的构造遵循另一种逻辑，HP 指标的取值取决于节点$x$和节点$y$度较低者，而 HD 指标取决于节点$x$和节点$y$度较高者。最后是 PD 指标，当$\lambda=0$时，PD 指标退化为共同邻居指标；当$\lambda=0.5$时，PD 指标就是 Salton 余弦相似性；$\lambda=1$时，PD 指标就是 LHN 指标。

9. Preferential Attachment（PA）

$$\text{CN}(x,y)=|\Gamma(x)|\times|\Gamma(y)|$$

PA 指标的构造思路跟其他指标不太相同。这个指标并未考虑节点$x$和节点$y$的共同好友，而是认为度相对较大的节点更容易连接。PA 指标的计算非常简单，只需要计算节点的度即可。它的计算复杂度是$O(n)$，而其他指标的计算复杂度基本都是$O(n^2)$。在很多实际数据上，PA 指标的表现并不好，其主要的优势就是计算简单。

接下来要介绍的两个指标构造思路非常类似，分别是 AA 系数和 RA 指标。

10. Adamic-Adar（AA）系数

$$\text{AA}(x,y)=\sum_{z\in\Gamma(x)\bigcap\Gamma(y)}\frac{1}{\log|\Gamma(z)|}$$

AA 系数指标最开始用于衡量网页之间的相似性，后被广泛用于社交网络。从指标的定义可以看出，AA 系数的取值取决于节点$x$和节点$y$的共同好友的邻居数。如果节点$x$和节点$y$的共同好友$z$还有很多其他的好友，那么$z$对这个指标的贡献较小；如果节点$x$和节点$y$的共同好友$z$没有其他的好友，那么$z$对这个指标的贡献较大。

11. 资源分配（Resource Allocation，RA）

$$\text{RA}(x,y)=\sum_{z\in\Gamma(x)\bigcap\Gamma(y)}\frac{1}{|\Gamma(z)|}$$

RA 指标与 AA 系数非常类似，都是弱化度比较大的共同好友$z$的贡献。不同的是，RA 指标对于度较高的共同好友的惩罚更大一些。RA 指标和 AA 系数和其他指标有一个很大的差别，那就是这两个指标考虑了共同好友$z$的好友。

R 语言中的 linkprediction 包可以很方便地计算大部分相似性指标。我们给出计算 LHN 指标和 RA 指标的示例，代码如下。更详细的内容读者可以参考 proxfun() 函数的帮助文档。

```
# 加载包
library(linkprediction)
```

```
# 计算相似性指标 LHN, 返回一个矩阵
LHN = proxfun(fblog, method = 'lhn_local')
print(LHN[1:3,1:3])
##       1        2        3
## 1 0.00000 0.031250 0.250000
## 2 0.03125 0.000000 0.046875
## 3 0.25000 0.046875 0.000000
# 计算相似性指标 RA, 返回一个包含三列的数据框, 前两列是边, 第三列是指标值
RA = proxfun(fblog, method = 'ra', value = 'edgelist')
head(RA, 3)
##   from to  value
## 1    2  1 0.1000
## 2    3  1 0.1625
## 3    4  1 0.0625
```

## 7.2.2 基于路径的相似性指标

除了共同好友的信息，两个节点之间的路径也可以用于衡量节点的相似性。

1. 局部路径（Local Path，LP）

7.2.1 节给出的相似性指标主要是基于节点的共同邻居构造的，但前文我们定义了路径的概念。局部路径指标的构造正是利用了 2 步长度和 3 步长度的路径信息。如果节点$x$经过 2 步能够到达节点$y$，经过 3 步才能够到达节点$z$，那么节点$x$与节点$y$产生连接的可能性应该大于其与节点$z$产生连接的可能性。因此，局部路径指标对于 3 步路径给予了权重$\alpha>0$（实际数据分析建议使用比较接近 0 的取值）。局部路径定义如下。

$$\mathrm{LP}=\boldsymbol{A}^2+\alpha\boldsymbol{A}^3$$

LP 是一个$n\times n$维的矩阵，其中$\boldsymbol{A}^2$和$\boldsymbol{A}^3$的非对角线元素对应着两个节点的 2 步可达路径数和 3 步可达路径数。LP 矩阵的非对角线元素取值越大，说明相应节点在 2 步和 3 步内可达的机会越大，我们认为其较为相似。

2. Katz 指标

Katz 指标考虑了节点间的所有路径，只不过路径越长，起到的作用越小。给定$\beta>0$，Katz 指标的定义如下。

$$\mathrm{Katz}=\beta\boldsymbol{A}+\beta^2\boldsymbol{A}^2+\beta^3\boldsymbol{A}^3+\cdots$$

$\beta$的取值越小，越长的路径起到的作用就越小。此时，Katz 指标就会与共同邻居指标的取值越接近。

我们继续以 fblog 数据集为例。除了共同邻居之外，我们选取 Salton 余弦相似性、PA 指标和 AA 系数，以及局部路径来计算这个网络上节点对之间的相似性，并且根据节点是否直接相连分组绘制箱线图。如图 7-2 所示，四个箱线图都呈现出与共同邻居指标类似的结果，相连的节点对之间的相似性指标值比不相连的节点对更大。这部分的 R 语言实现代码见附录二。

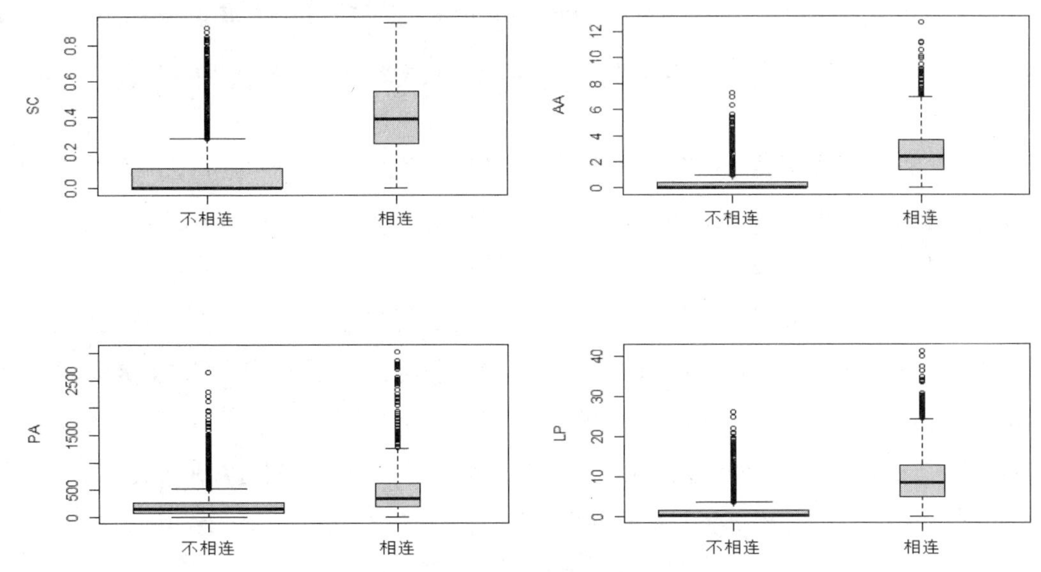


图7-2　节点对不相连和相连的各指标分组箱线图

# 7.3　其他链路预测方法

除了 7.2 节介绍的基于相似性的指标外，本节再简单介绍几种较为复杂的链路预测方法，分别是基于随机游走指标的方法、基于社会理论指标的方法及基于学习（Learning）的方法。

网络中节点之间的交互可以通过随机游走来建模，因此可以采用基于随机游走的指标来进行链路预测，常见的指标有 Hitting Time（HT）、Commute Time（CT）、Cosine Similarity Time（CST）、SimRank、Rooted PageRank（RPR）、PropFlow，详细的指标内容可参考 Wang et al.（2015）。

上述介绍的指标仅使用了节点和网络结构的信息，近年来越来越多的学者结合社区、同质性（Homophily）、中心性等经典的社会理论来研究链路预测问题。对于大规模网络来说，基于社会理论的指标可以通过捕获有用的节点交互信息来提高链路预测的性能。Valverde-Rebaza and de Andrade Lopes（2013）通过考虑用户的兴趣和行为，将网络结构和社区信息结合起来预测Twitter中未来的可能链接。Li et al.（2011）指出节点的中心性对链路预测也很重要，即网络中的节点不仅倾向于与其相似的节点相连，也倾向于与中心节点相连。

基于上述的基本链接预测指标及内部和外部信息所提供的特征，近年来学者还提出了许多基于学习的链接预测方法。这些基于学习的方法可以分为基于特征的分类、概率图模型和矩阵分解。

（1）基于特征的分类：可以将两个节点之间是否有连边看作一个二分类问题，许多有监督的分类模型可以用来解决这一问题，如决策树、支持向量机、朴素贝叶斯等。一个高效的链接预测分类器需要从网络中定义和提取合适的特征，通常可以选取基于节点、网络结构和社会理论的指标提供的特征。

（2）概率图模型：网络中的每个节点对之间的连接可以被分配一个概率值，例如结构相似性或随机游走的转移概率，从而将网络转化为一个概率图。相比基于网络结构指标的方法，概率图模型具有更好的性能，尤其提高了预测精度。

（3）矩阵分解：通过矩阵分解提取节点的潜在特征，并使用这些特征进行链路预测。Acar et al.（2009）将动态链接预测视为一个矩阵补全问题，并通过矩阵和张量分解进行求解。Menon and Elkan（2011）引入了一种监督矩阵分解框架，该框架可以学习网络的潜在结构特征，并将其与节点/边的显式特征信息相结合，以做出更好的预测。此外，该框架还对AUC（ROC曲线下与坐标轴围成的面积）进行优化，以克服不平衡问题，即有连边的比例很小，无连边的比例很大。

## 7.4 预测效果评价

链路预测本质上是个二分类的问题，因此，对链路预测效果的评价可以参考二分类问题的评价指标。如果两个节点存在连边（无论是观测值还是预测值），记作Positive；如果两个节点不存在连边（无论是观测值还是预测值），记作Negative。由于一条连边连接着两个节点，即一个节点对，因此我们混用连边和节点对等说法，读者应该能够很容易地理解。给定某种链路预测方法，会产生两个节点之间是否存在连边的预测结果。基于此，我们先给出混淆矩阵的概念。

表7-1 无向网络的混淆矩阵示例

| 预测值 | 观测值 | | |
|---|---|---|---|
| 连边（Positive） | TP | FP | $P^*$ |
| 空（Negative） | FN | TN | $N^*$ |
| 求和 | $P$ | $N$ | $C_n^2$ |

混淆矩阵的元素都是频数，即计数。接下来逐一解释。

- $P$和$N$：分别代表网络中存在连边和不存在连边（空的）的节点对的数量。$P+N$就是网络中节点对的总数。例如，无向网络的规模是$n$，节点对的总数是$C_n^2=\frac{n(n-1)}{2}$。
- $P^*$和$N^*$：分别代表链路预测方法给出的存在和不存在连边的节点对的数量。可知，$P+N=P^*+N^*$。
- TP（True Positive）：节点间存在连边，同时预测为节点间存在连边的数量。
- TN（True Negative）：节点间不存在连边，同时预测节点间不存在连边的数量。
- FP（False Positive）：节点间不存在连边，但是预测节点间存在连边的数量。
- FN（False Negative）：节点间存在连边，但是预测节点间不存在连边的数量。

基于混淆矩阵，可以直接定义链路预测方法的预测准确率（Accuracy）如下。

$$\frac{\mathrm{TP}+\mathrm{TN}}{C_n^2}=1-\frac{\mathrm{FP}+\mathrm{FN}}{C_n^2}$$

除了预测准确率，还可以定义如下的评价指标。

- TPR（True Positive Rate）

$$\mathrm{TPR}=\frac{\mathrm{TP}}{\mathrm{TP}+\mathrm{FN}}=\frac{\mathrm{TP}}{P}$$

TPR 是预测正确的连边数与观测到的连边数的比值，反映了链路预测方法正确预测连边的能力。TPR 的取值范围是 0 到 1。

- FPR（False Positive Rate）

$$\mathrm{FPR}=\frac{\mathrm{FP}}{\mathrm{FP}+\mathrm{TN}}=\frac{\mathrm{FP}}{N}$$

FPR 是预测错误的连边数与空的节点对数量的比值，反映了链路预测方法错误预测连边的可能性。FPR 的取值范围是 0 到 1。

实际上，链路预测方法给出的是节点对的相似性指标取值，而不是直接的预测结果。我们继续分析 7.2.1 节的例子。针对 fblog 数据集，节点 1 和节点 3 存在 2 个共同好友，即$\mathrm{CN}(1,3)=2$；节点 2 和节点 3 存在 6 个共同好友，即$\mathrm{CN}(2,3)=6$。我们进一步设定一个阈值$\tau$，当相似性指标取值大于等于$\tau$的时候，预测为节点之间存在连边；当相似性指标取值小于$\tau$的时候，预测为节点之间不存在连边。例如，给定$\tau=1$，那么将会预测节点 1 和节点 3、节点 2 和节点 3 都会产生连边。给定$\tau=4$，那么将会预测节点 1 和节点 3 不产生连边，但是节点 2 和节点 3 产生连边。给定$\tau=7$，那么将会预测节点 1 和节点 3、节点 2 和节点 3 都不产生连边。

可见，对于同一个数据集和链路预测方法，当阈值的选取不同时，会得到不同的预测结果，即不同的$\tau$取值对应不同的混淆矩阵。每个特定的$\tau$取值对应一组 TPR 和 FPR 取值。将不同的阈值对应的大量 TPR 和 FPR 取值绘制出来得到的就是 ROC 曲线（如图 7-3 所示）。ROC 曲线下方的面积是 AUC 值，综合反映了某个方法（模型）的预测能力。AUC 的取值越大，预测能力越强。共同好友指标在 fblog 数据集上的链路预测的 AUC 值是 0.928（内样本），具有较好的预测能力。

同样地，利用 SC、AA、PA 和 LP 四个指标进行链路预测，绘制出相应的 ROC 曲线，并与共同邻居（CN）进行比较，结果如图 7-4 所示。在这五种指标中，PA 指标预测能力最差，AUC 值为 0.757，其余四种方法的 AUC 值均大于 0.920，这与前面所说的，PA 指标仅仅用到了节点的度数信息，在大多数情况下预测能力较差一致。LP 的预测效果最好，AUC 值为 0.940。与共同邻居相关的三种指标 SC、CN、AA 的预测能力依次增强。

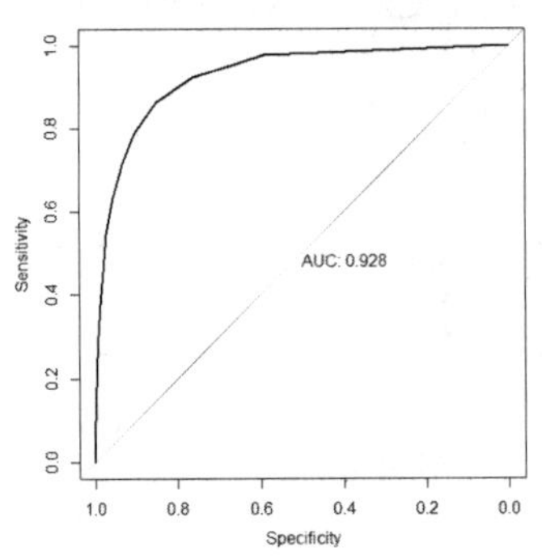


图7-3　绘制出的ROC曲线

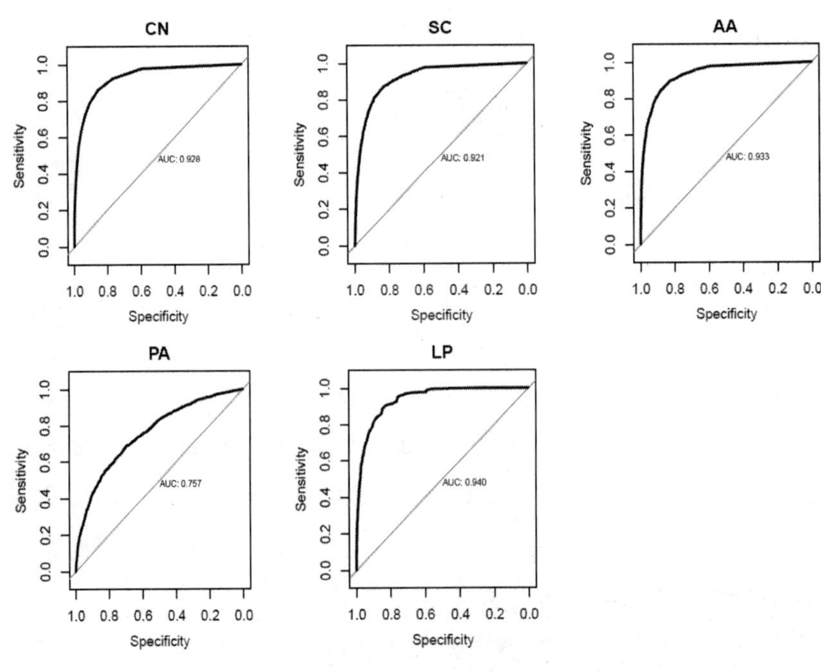


图7-4　五种相似性指标预测效果比较

# 7.5 本章小结

本章介绍了网络结构数据分析中的链路预测问题。链路预测的主要目标是判断在未来的时间点是否会新增连边或是否有连边消失，有较为广泛的应用。解决链路预测问题最常用的一种方法是构造两个节点的相似性指标，有基于邻居的相似性指标和基于路径的相似性指标等。这些指标的含义相对简单直观，易于计算。此外，本章还介绍了基于随机游走指标的方法、基于社会理论的指标的方法及基于学习的方法。最后本章给出了链路预测效果评价指标，并在实际数据集上进行展示。

# 附录

## 附录一　图7-1代码示例

```
# 网络的规模
n = vcount(g)
# 构建邻接矩阵 A
A = as_adjacency_matrix(g, sparse = F)
# 用向量记录共同邻居
cn = c()
# 共同好友
for (i in (1:(n-1)))
{ # 节点 i 的邻居
  ni = ego(g, order = 1, nodes = i)
  # 节点 i+1 到节点 n 的邻居
  nj = ego(g, order = 1, nodes = (i+1):n)
  # 节点 i 和节点 i+1 到节点 n 的共同邻居
  nei.ij = mapply(intersect, ni, nj, SIMPLIFY = F)
  # 共同邻居的数量（减去节点直接相连产生的计数）
  num = unlist(lapply(nei.ij, length)) - 2*A[i, (i+1):n]
  # 更新共同邻居指标
  cn = c(cn, num)
}
# 展示部分的 CN 指标取值
cn[1:5]
##        bix.enix.org/    www.arnaudcaron.net/      dominiquevoynet.net/blog
##                    1                       2                             1
##     blogs.lesverts.fr/            emilien.net/
##                    2                       2
# 取邻接矩阵的下三角阵
 Avec = A[lower.tri(A)]
# 分别绘制相连的节点对和不相连的节点对共同邻居数的箱线图
```

```
boxplot(cn[Avec == 0], cn[Avec == 1],
     varwidth = T,
     names = c("不相连", "相连"),
     ylab = "共同好友数")
```

## 附录二　图7-2代码示例

1. Salton 余弦相似性

```
# 用向量记录 Salton 余弦相似性
sc = c()
# SC
for (i in (1:(n-1)))
{# 节点 i 的邻居
  ni = ego(g, order = 1, nodes = i)
  # 节点 i+1 到节点 n 的邻居
  nj = ego(g, order = 1, nodes = (i+1):n)
  # 节点 i 和节点 i+1 到节点 n 的共同邻居
  nei.ij = mapply(intersect, ni, nj, SIMPLIFY = F)
  # 共同邻居的数量(减去节点直接相连产生的计数)
  num1 = unlist(lapply(nei.ij, length)) - 2*A[i, (i+1):n]
  # 分母：节点 i 与节点 i+1 到 n 的度数相乘再开方
  num2 = sqrt(degree(g)[i]*degree(g)[(i+1):n])
  # 计算 SC
  num = num1/num2
  # 更新 SC 指标
  sc = c(sc, num)
}
# 展示部分 SC 指标取值
sc[1:5]
##          bix.enix.org/    www.arnaudcaron.net/    dominiquevoynet.net/blog
##            0.1767767               0.7071068                   0.2236068
##     blogs.lesverts.fr/             emilien.net/
```

```
##
```

2. PA 指标

```
# 节点度数的向量
d = as.matrix(degree(g), n, 1)
# 每个节点对之间度数相乘所得的矩阵
dm = d%*%t(d)
# 取下三角阵
pa = dm[lower.tri(dm)]
# 展示部分指标取值
pa[1:5]
## [1] 32  8 20 28 12
```

3. AA 系数

```
# 利用 Similarity 函数计算两个节点之间的相似性
aa_mat = similarity(g, method = "invlogweighted")
# 取下三角阵
aa = aa_mat[lower.tri(aa_mat)]
# 展示部分 AA 指标取值
aa[1:5]
## [1] 0.4342945 0.7949682 0.3606738 0.7949682 0.7949682
```

4. 局部路径（LP）

```
alpha = 0.01
lp_mat = A%*%A + alpha*(A%*%A)%*%A
lp = lp_mat[lower.tri(lp_mat)]

# 展示部分 LP 的指标取值
lp[1:5]
## [1] 1.22 2.06 1.16 2.09 2.07
# 绘制后四个指标的分组箱线图
method = c("SC", "AA", "PA", "LP")
all = list(sc, aa, pa, lp)
par(mfrow = c(2,2))
```

```
for(i in 1:4){
  boxplot(all[[i]][Avec == 0], all[[i]][Avec == 1],
        varwidth = T,
        names = c("不相连", "相连"),
        ylab = method[i])
}
```

## 附录三　五种方法预测效果比较

```
library(pROC)
r1 = roc(Avec, cn)
r2 = roc(Avec, sc)
r3 = roc(Avec, aa)
r4 = roc(Avec, pa)
r5 = roc(Avec, lp)
r = list(r1, r2, r3, r4, r5)
# 绘制 ROC 曲线
par(mfrow = c(2,3))
for(i in 1:5){
  plot.roc(r[[i]], print.auc = T)
}
#AUC 值
for(i in 1:5){
  print(r[[i]]$auc)
}
## Area under the curve: 0.927
## Area under the curve: 0.921
## Area under the curve: 0.933
## Area under the curve: 0.757
## Area under the curve: 0.940
```

# 参考文献

[1] Acar E, Dunlavy D M, Kolda T G. Link prediction on evolving data using matrix and tensor factorizations, 2009 IEEE International Conference on Data Mining Workshops, 262-269, 2009[C]. IEEE, 2009.

[2] Adamic L A, Glance N. The political blogosphere and the 2004 US election: divided they blog, Proceedings of the 3rd International Workshop on Link Discovery, 36-43, 2005[C]. ACM, 2005.

[3] Airoldi E M, Blei D, Fienberg S, et al. Mixed membership stochastic blockmodels[J]. Advances in Neural Information Processing Systems, 2008, 21.

[4] Aston N, Hu W. Community detection in dynamic social networks[J]. Communications and Network, 2014, 6(2): 124-136.

[5] Backstrom L, Huttenlocher D, Kleinberg J, et al. Group formation in large social networks: membership, growth, and evolution, Proceedings of the 12th ACM SIGKDD International Conference on Knowledge Discovery and Data Mining, 44-54, 2006[C]. ACM, 2006.

[6] Banerjee S, Jenamani M, Pratihar D K. Properties of a projected network of a bipartite network, 2017 International Conference on Communication and Signal Processing (ICCSP), 0143-0147, 2017[C]. IEEE, 2017.

[7] Barabási A L, Albert R. Emergence of scaling in random networks[J]. Science, 1999, 286(5439): 509-512.

[8] Beveridge A, Shan J. Network of Thrones[J]. Math Horizons Magazine, 2016, 23(4):18-22.

[9] Blondel V D, Guillaume J-L, Lambiotte R, et al. Fast unfolding of communities in large networks[J]. Journal of Statistical Mechanics: Theory and Experiment, 2008, 2008(10): P10008.

[10] Boguná M, Pastor-Satorras R, Díaz-Guilera A, et al. Models of social networks based on social distance attachment[J]. Physical Review E, 2004, 70(5): 056122.

[11] Chakraborty T, Dalmia A, Mukherjee A, et al. Metrics for community analysis: A survey[J]. ACM Computing Surveys (CSUR), 2017, 50(4): 1-37.

[12] Chen M, Kuzmin K, Szymanski B K. Community detection via maximization of modularity and its variants[J]. IEEE Transactions on Computational Social Systems, 2014, 1(1): 46-65.

[13] Chunaev P. Community detection in node-attributed social networks: A survey[J]. Computer

Science Review, 2020, 37: 100286.

[14] Clauset A, Newman M E J, Moore C. Finding community structure in very large networks[J]. Physical Review E, 2004, 70(6): 066111.

[15] Csárdi G, Nepusz T, Airoldi E M. Statistical network analysis with igraph[J]. 2016.

[16] Hunter D R. Curved exponential family models for social networks[J]. Social Networks, 2007, 29(2): 216-230.

[17] Flake G W, Lawrence S, Giles C L. Efficient identification of web communities, Proceedings of the Sixth ACM SIGKDD International Conference on Knowledge Discovery and Data Mining, 150-160, 2000 [C]. ACM, 2000.

[18] Fortunato S. Community detection in graphs[J]. Physics Reports, 2010, 486(3): 75-174.

[19] Frank O, Strauss D. Markov graphs[J]. Journal of the American Statistical Association, 1986, 81(395): 832-842.

[20] Funke T, Becker T. Stochastic block models: A comparison of variants and inference methods[J]. PloS One, 2019, 14(4): e0215296.

[21] Gao T, Zhang Y, Wang S, et al. Community detection for statistical citation network by D-SCORE[J]. Statistics and Its Interface, 2021, 14(3): 279-294.

[22] Girvan M, Newman M E J. Community structure in social and biological networks[J]. Proceedings of the National Academy of Sciences, 2002, 99(12): 7821-7826.

[23] Gjoka M, Butts C T, Kurant M, et al. Multigraph sampling of online social networks[J]. IEEE Journal on Selected Areas in Communications, 2011, 29(9): 1893-1905.

[24] Gregory S. An algorithm to find overlapping community structure in networks, European Conference on Principles of Data Mining and Knowledge Discovery, 91-102, 2007[C]. Berlin, Heidelberg: Springer, 2007.

[25] Gui Q, Liu C, Du D B. The structure and dynamic of scientific collaboration network among countries along the Belt and Road[J]. Sustainability, 2019, 11(19): 5187.

[26] Guo C, Wang J, Zhang Z. Evolutionary community structure discovery in dynamic weighted networks[J]. Physica A: Statistical Mechanics and its Applications, 2014, 413: 565-576.

[27] Hilgerdt F. The case for multilateral trade[J]. The American Economic Review, 1943, 33(1): 393-407.

[28] Hoff P D, Raftery A E, Handcock M S. Latent space approaches to social network analysis[J]. Journal of the American Statistical Association, 2002, 97(460): 1090-1098.

[29] Holland P W, Leinhardt S. An exponential family of probability distributions for directed

graphs[J]. Journal of the American Statistical Association, 1981, 76(373): 33-50.

[30] Hopcroft J E, Khan O F, Kulis B, et al. Tracking evolving communities in large linked networks[J]. Proceedings of the National Academy of Sciences of the United States of America, 2004, 101: 5249-5253.

[31] Hunter D R, Goodreau S M, Handcock M S. Goodness of fit of social network models[J]. Journal of the American Statistical Association, 2008, 103(481): 248-258.

[32] Javed M A, Younis M S, Latif S, et al. Community detection in networks: A multidisciplinary review[J]. Journal of Network and Computer Applications, 2018, 108: 87-111.

[33] Ji P, Jin J. Coauthorship and citation networks for statisticians[J]. The Annals of Applied Statistics, 2016, 10(4): 1779-1812.

[34] Karrer B, Newman ME. Stochastic blockmodels and community structure in networks[J]. Physical Review E. 2011, 83(1): 016107.

[35] Kolaczyk E D, Csárdi G. Statistical analysis of network data with R[M]. New York: Springer, 2014.

[36] Krackhardt D. Assessing the political landscape: Structure, cognition, and power in organizations[J]. Administrative Science Quarterly, 1990: 342-369.

[37] Krebs V. A Network of Co-purchased Books About Us Politics[J]. October, 2008, 20(1): 0-03.

[38] Kumar A, Singh S S, Singh K, et al. Link prediction techniques, applications, and performance: A survey[J]. Physica A: Statistical Mechanics and its Applications, 2020, 553: 124289.

[39] Lee C, Wilkinson D J. A review of stochastic block models and extensions for graph clustering[J]. Applied Network Science, 2019, 4(1): 1-50.

[40] Leskovec J, Krevl A. SNAP Datasets: Stanford Large Network Dataset Collection[J]. 2014.

[41] Li R H, Yu J X, Liu J. Link prediction: The power of maximal entropy random walk, Proceedings of the 20th ACM International Conference on Information and Knowledge Management, 1147-1156, 2011[C]. ACM, 2011.

[42] Liu C, Liu J, Jiang Z. A Multiobjective Evolutionary Algorithm Based on Similarity for Community Detection From Signed Social Networks[J]. IEEE Transactions on Systems, Man, and Cybernetics, 2014, 44(12): 2274-2287.

[43] Lojo A, Li M, Cànoves G. Co-authorship networks and thematic development in Chinese outbound tourism research[J]. Journal of China Tourism Research, 2019, 15(3): 295-319.

[44] Lü L, Zhou T. Link prediction in complex networks: A survey[J]. Physica A: Statistical

Mechanics and its Applications, 2011, 390(6): 1150-1170.

[45] Lusseau D, Newman M E J. Identifying the role that animals play in their social networks[J]. Proceedings of the Royal Society of London. Series B: Biological Sciences, 2004, 271(suppl_6): S477-S481.

[46] Malliaros F D, Vazirgiannis M. Clustering and community detection in directed networks: A survey[J]. Physics Reports, 2013, 533(4): 95-142.

[47] Mcauley J, Leskovec J. Discovering social circles in ego networks[J]. ACM Transactions on Knowledge Discovery from Data (TKDD), 2014, 8(1): 1-28.

[48] Menon A K, Elkan C. Link prediction via matrix factorization, Joint European Conference on Machine Learning and Knowledge Discovery in Databases, 437-452, 2011[C]. Berlin, Heidelberg: Springer, 2011.

[49] Molloy M, Reed B. A critical point for random graphs with a given degree sequence[J]. Random Structures & Algorithms, 1995, 6(2-3): 161-180.

[50] Newman M E J. Modularity and community structure in networks[J]. Proceedings of the National Academy of Sciences, 2006, 103(23): 8577-8582.

[51] Newman M E. Fast algorithm for detecting community structure in networks[J]. Physical Review E, 2004, 69(6): 066133.

[52] Newman M E. Finding community structure in networks using the eigenvectors of matrices[J]. Physical Review E, 2006, 74(3): 036104.

[53] Newman M E J. Analysis of weighted networks[J]. Physical Review E, 2004a, 70(5): 056131.

[54] Newman M E J. Coauthorship networks and patterns of scientific collaboration[J]. Proceedings of the National Academy of Sciences, 2004b, 101(suppl 1): 5200-5205.

[55] Ou-Yang L, Dai D Q, Zhang X F. Detecting protein complexes from signed protein-protein interaction networks[J]. IEEE/ACM Transactions on Computational Biology and Bioinformatics, 2015, 12(6): 1333-1344.

[56] Erdos P, Rényi A. On random graphs[J]. Publicationes Mathematicae, 1959, 6(1): 290–297.

[57] Peixoto T P. Bayesian stochastic blockmodeling[J]. Advances in Network Clustering and Blockmodeling, 2019: 289-332.

[58] Pons P, Latapy M. Computing communities in large networks using random walks, International Symposium on Computer and Information Sciences, 284-293, 2005[C]. Berlin, Heidelberg: Springer, 2005.

[59] Prasad K, Khatoon F, Rashid S, et al. Targeting hub genes and pathways of innate immune response in COVID-19: A network biology perspective[J]. International Journal of Biological Macromolecules, 2020, 163.

[60] Raghavan U N, Albert R, Kumara S. Near linear time algorithm to detect community structures in large-scale networks[J]. Physical Review E, 2007, 76(3): 036106.

[61] Reichardt J, Bornholdt S. Statistical mechanics of community detection[J]. Physical Review E, 2006, 74(1): 016110.

[62] Robins G, Snijders T, Wang P, et al. Recent developments in exponential random graph (p*) models for social networks[J]. Social Networks, 2007, 29(2): 192-215.

[63] Rossetti G, Cazabet R. Community discovery in dynamic networks: A survey[J]. ACM Computing Surveys (CSUR), 2018, 51(2): 1-37.

[64] Rosvall M, Axelsson D, Bergstrom C T. The map equation[J]. The European Physical Journal Special Topics, 2009, 178(1): 13-23.

[65] Rosvall M, Bergstrom C T. Maps of information flow reveal community structure in complex networks[J]. Proceedings of the National Academy of Sciences of the United States of America, 2008: 1118-1123.

[66] Salehi M, Sharma R, Marzolla M, et al. Spreading processes in multilayer networks[J]. IEEE Transactions on Network Science and Engineering, 2015, 2(2): 65-83.

[67] Santoso A B, Mahendra R, Krisnadhi A A. Analysis of interregional trade network structure: A case study of Indonesia, 2019 International Workshop on Big Data and Information Security (IWBIS), 45-50, 2019[C]. IEEE, 2019.

[68] Scott J, Carrington P J. The SAGE handbook of social network analysis[M]. SAGE publications, 2011.

[69] Snijders T A B, Pattison P E, Robins G L, et al. New specifications for exponential random graph models[J]. Sociological Methodology, 2006, 36(1): 99-153.

[70] Sosa J, Buitrago L. A review of latent space models for social networks[J]. Revista Colombiana de Estadística, 2021, 44(1): 171-200.

[71] Tallberg C. A Bayesian approach to modeling stochastic blockstructures with covariates[J]. Journal of Mathematical Sociology, 2004, 29(1): 1-23.

[72] Traag V A, Bruggeman J. Community detection in networks with positive and negative links[J]. Physical Review E, 2009, 80(3): 036115.

[73] Valverde-Rebaza J, de Andrade Lopes A. Exploiting behaviors of communities of twitter

users for link prediction[J]. Social Network Analysis and Mining, 2013, 3(4): 1063-1074.

[74] Von Luxburg U. A tutorial on spectral clustering[J]. Statistics and Computing, 2007, 17(4): 395-416.

[75] Wang P, Xu B W, Wu Y R, et al. Link prediction in social networks: The state-of-the-art[J]. Science China Information Sciences, 2015, 58(1): 1-38.

[76] Wang S, Rohe K. Discussion of "Coauthorship and citation networks for statisticians"[J]. The Annals of Applied Statistics, 2016, 10(4): 1820-1826.

[77] Wang Y J, Wong G Y. Stochastic blockmodels for directed graphs[J]. Journal of the American Statistical Association, 1987, 82(397): 8-19.

[78] Zachary W W. An information flow model for conflict and fission in small groups[J]. Journal of Anthropological Research, 1977, 33(4): 452-473.